湖北省培养紧缺技能人才系列教材

Photoshop 图像处理

周大勇　许松　主编

湖北省人才事业发展中心组织编写

中国劳动社会保障出版社

简介

本书为湖北省培养紧缺技能人才系列教材，主要内容包括图像的简单编辑、图像绘制、风光图像处理、电商图像设计和广告海报设计。

本书由周大勇、许松任主编，彭彬林、杨羽任副主编，杨双、任姝亭、张立娜、袁路、端木祥慧、袁开华、严静林、吴兴梓参加编写；余忠平审稿。

图书在版编目（CIP）数据

Photoshop 图像处理 / 周大勇，许松主编 . -- 北京：中国劳动社会保障出版社，2021
湖北省培养紧缺技能人才系列教材
ISBN 978-7-5167-3888-7

Ⅰ. ①P…　Ⅱ. ①周…②许…　Ⅲ. ①图像处理软件-教材　Ⅳ. ①TP391.413

中国版本图书馆 CIP 数据核字（2021）第 154221 号

中国劳动社会保障出版社出版发行

（北京市惠新东街 1 号　邮政编码：100029）

*

北京市艺辉印刷有限公司印刷装订　新华书店经销

787 毫米 ×1092 毫米　16 开本　19 印张　415 千字
2021 年 8 月第 1 版　2023 年 12 月第 9 次印刷

定价：49.00 元

营销中心电话：400-606-6496

出版社网址：http://www.class.com.cn
http://jg.class.com.cn

序

技术工人是支撑中国制造、中国创造的重要力量。习近平总书记在 2020 年全国劳动模范和先进工作者表彰大会上勉励广大劳动群众，"要适应新一轮科技革命和产业变革的需要，密切关注行业、产业前沿知识和技术进展，勤学苦练、深入钻研，不断提高技术技能水平"。

技术技能水平的提高是一个系统工程，好的教材对技术技能水平的提高至关重要。多年来，湖北省人力资源和社会保障厅围绕实施国家高技能人才振兴计划和技能人才培养创新项目，面向经济社会发展急需紧缺职业（工种），组织开展品牌专业评审、精品教材开发，致力于服务技工教育和职业技能培训。

2020 年，湖北省人力资源和社会保障厅组织全省技工院校骨干教师精心编写了湖北省培养紧缺技能人才系列教材。系列教材涉及新一代信息技术产业、智能制造产业、数字产业等战略性新兴产业领域，并依据实际情况对接了世界技能大赛技术标准，部分教材配有二维码数字资源及多媒体课件。教材编写借鉴学习了一体化课程教学改革理念，并力争将思想政治教育元素、工匠精神培育和安全生产意识等融入技能培养的各个环节。

本系列教材的开发，是湖北省技工院校开展一体化课程教学改革的积极探索和有益尝试，是湖北省技工教育最新成果的集中展示。期望教材既能为技工院校在校学生的学习提供内容先进、论述系统并适用于教学的教材或参考书，也能为广大技能人才的知识更新与继续学习提供适合的参考资料。

2020 年 12 月

目　录

项目一 图像的简单编辑

任务 1 制作水果拼图效果

 学习目标

- 认识 Photoshop CC 2015 的操作界面。
- 能利用 Photoshop CC 2015 新建、打开和存储文件。
- 掌握图像对象的复制、移动和裁剪操作。
- 掌握面板的显示与隐藏、拆分与组合方法。
- 掌握自由变换和缩放操作。
- 了解位图、矢量图、像素、图像分辨率及图像的颜色模式等专业术语。
- 了解移动工具的使用方法和在多个窗口查看图像的方法。

任务分析

　　某水果店为多种水果拍摄了图片，为表现出本店水果品种丰富，需要将多种水果图像拼合在一张图像中，如图 1-1-1 所示，以便于水果店制作广告宣传画时选用。Photoshop 是 Adobe 公司推出的一款优秀的图像处理软件，集图像扫描、编辑修改、图形制作、广告设计、图像输入与输出等功能于一体，它广泛地应用于平面设计、图像处理、网页设计等诸多领域。

　　本任务主要利用 Photoshop CC 2015 的新建、打开及保存图像文件、自由变换、图像复制、移动与裁剪、调整显示比例等功能，将单独的五种水果图拼合在一起，制作出一张体现商品种类多样的效果图。首先打开五种水果素材图，然后逐一选取水果图像复制到新建图像文件中，通过自由变换命令调整水果图像的大小，并用移动工具将其移到合适的位置，最后将图像多余的部分裁剪掉即可。本任务的学习重点是图像的自由变换操作。

图 1-1-1　水果拼图效果

1. 启动 Photoshop 软件

单击"开始"菜单，选择"所有程序"项"Adobe"菜单中的"Adobe Photoshop CC 2015"，或者双击桌面上的应用程序图标 ，启动 Photoshop CC 2015。Photoshop CC 2015 的操作界面如图 1-1-2 所示。

图 1-1-2　Photoshop CC 2015 的操作界面

2. 新建图像文件

单击"文件"菜单中的"新建"命令，弹出"新建"对话框，如图 1-1-3 所示，设置参数如下：名称为"百果飘香"，文档类型为自定，宽度为 1 600 像素，高度为 900 像素，分辨率为 72 像素/英寸，颜色模式为 RGB 颜色、8 位，背景内容为白色。设置好参数后，单击"确定"按钮，新建白色背景的图像文件，如图 1-1-4 所示。

图1-1-3　"新建"对话框

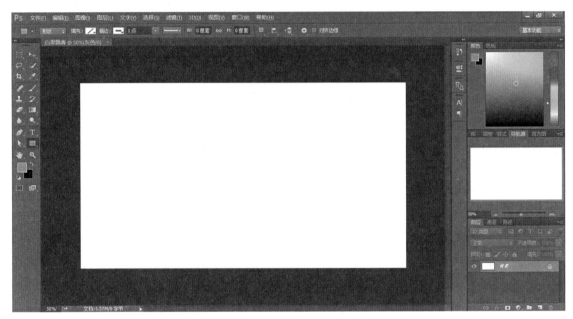

图1-1-4　新建白色背景的图像文件

3. 打开"葡萄"等五种水果图像文件

单击"文件"菜单中的"打开"命令，弹出"打开"对话框，如图1-1-5所示，按住"Ctrl"键，分别单击五种水果的图像文件，同时选中后单击"打开"按钮，即打开"葡萄"等五个图像文件，葡萄效果图如图1-1-6所示。

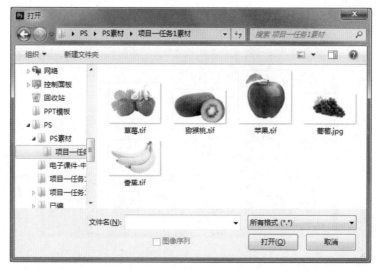

图 1-1-5 "打开"对话框

图 1-1-6 葡萄效果图

4．将葡萄图像复制到新建文件中

（1）单击"葡萄"文件窗口标签，将"葡萄"文件窗口作为当前窗口，如图 1-1-7 所示。单击"选择"菜单中的"全部"命令（或按快捷键"Ctrl+A"），然后单击"编辑"菜单中的"拷贝"命令（或按快捷键"Ctrl+C"）。

图 1-1-7 "葡萄"文件窗口

（2）单击"百果飘香"文件窗口标签，将"百果飘香"文件窗口作为当前窗口，单击"编辑"菜单中的"粘贴"命令（或按快捷键"Ctrl+V"）。

5．调整葡萄图像的大小和位置

（1）单击"编辑"菜单中的"自由变换"命令（或按快捷键"Ctrl+T"），如图1-1-8所示，图像四周出现矩形的变换控制框，如图1-1-9所示，其中包括八个控制句柄和一个中心控制点，在工具选项栏中单击"保持长宽比"按钮 。

如果不清楚工具选项栏中某一选项的功能，可将光标停留在该选项上，系统就会显示出其含义。

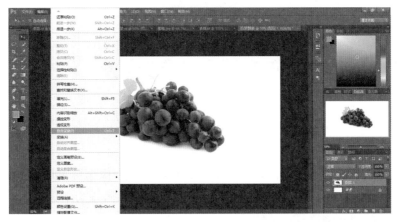

图1-1-8　单击"编辑"菜单中的"自由变换"命令

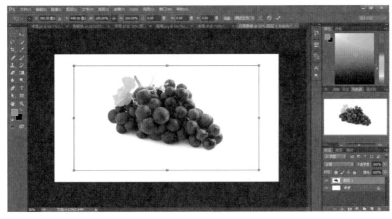

图1-1-9　变换控制框

（2）拖动变换控制框上的任意一个控制句柄，可调整图像大小，也可将光标移到控制框外侧，拖动以旋转图像。调整好大小和旋转方向后，单击工具选项栏中的"提交变换"按钮（或者按"回车"键）。

（3）单击工具箱中的移动工具，将葡萄拖动到合适的位置。

6．复制并调整其他水果图像的大小和位置

重复步骤4、5，分别将香蕉、苹果、猕猴桃、草莓图像复制到新建文件中，并调整其

大小和位置。如果需要切换图像窗口，也可按"Ctrl+Tab"键。

7. 调整显示比例

单击"窗口"菜单，勾选"导航器"，显示导航器面板，如图 1-1-10 所示。单击下方左侧的"缩小"按钮，将图像的显示比例缩小为 50%（或按快捷键"Ctrl+ –"），以便观察图像全貌。需要放大图像时，拖动面板下方的控制条（或按快捷键"Ctrl++"）。

图 1-1-10　导航器面板

当查看图像细节时，需要对图像进行放大，从而导致图像超过窗口大小，画面上不能显示完整的图像，此时，窗口中就会显示出滚动条，以用于调整显示区域。此外，使用抓手工具可以更方便地拖动并调整显示区域。

8. 图像裁剪

单击工具箱中的"裁剪工具"，拖动控制句柄调整裁剪边界，如图 1-1-11 所示，单击工具选项栏中的"提交当前裁剪操作"按钮，或者按"回车"键。也可以通过单击"图像"菜单中的"画布大小"命令，在弹出的"画布大小"对话框中将画布的高度和宽度设置得比原来小，从而对图像进行裁剪。

图 1-1-11　裁剪图像

9. 保存图像文件

单击"文件"菜单中的"存储为"命令，弹出"另存为"对话框，如图 1-1-12 所示，在对话框中输入图像的文件名（文件名最好与图像内容相关，以便于快速查找），选择以 Photoshop 软件默认的文件格式 PSD 保存。

图 1-1-12　"另存为"对话框

10. 关闭图像文件并退出软件

首先单击图像文件标签上的"关闭"按钮，关闭图像文件，然后单击操作界面右上角的"关闭"按钮，退出 Photoshop CC 2015。

此外，执行"文件"菜单中的"退出"命令或按快捷键"Alt+F4"或"Ctrl+Q"，也可以退出 Photoshop CC 2015。

注意事项

1. 在资源管理器中，选中要打开的图像文件，将其拖曳到 Photoshop CC 2015 窗口中，即可打开这些图像文件。如果拖曳到 Photoshop CC 2015 窗口中的某个图像窗口中，则这些图像将作为智能对象复制到已打开的图像中。

2. 在使用自由变换命令时，可以直接用鼠标拖动对象，以调整对象的位置。除了按"回车"键、单击工具选项栏中的"提交变换"按钮外，在变换控制框中双击鼠标左键也可以提交变换。

3. 如果图像窗口太小，可以选择抓手工具或按住"空格"键激活抓手，拖动鼠标调整窗口中的显示内容。也可以直接在导航器面板中用鼠标拖动红色的显示框，调整图像在窗口中的显示位置。

4. 如果需要将图像的某个位置始终显示在窗口中，可以单击选中工具箱中的"缩放工具"，将光标指向需要始终显示在窗口中的位置并单击鼠标左键；也可以按住"Alt"键转动鼠标滚轮进行调整。

5.如果需要全屏观察和编辑图像，可按"Tab"键显示或隐藏除菜单栏和文档窗口以外的所有面板。

相关知识
一、Photoshop CC 2015 操作界面

Photoshop CC 2015 操作界面通常由菜单栏、工具选项栏、工具箱、图像窗口、文档窗口、面板、调板、状态栏组成，如图 1-1-2 所示。

1．菜单栏

菜单栏由文件、编辑、图像、图层、文字、选择、滤镜、3D、视图、窗口和帮助 11 个菜单组成。这些菜单中几乎包含了 Photoshop 的所有命令，可以通过这些命令完成各种图像的编辑与处理操作。

2．工具选项栏

工具选项栏又称属性栏，通常位于菜单栏的下方，用于显示当前工具的设置项。一般情况下，在选择相关的工具进行操作前，工具选项栏中会出现对应的选项，可以根据操作需要，先对工具选项栏中的选项进行设置。单击"窗口"菜单中的"选项"命令可以进行工具选项栏的显示与隐藏。

3．工具箱

工具箱的默认位置是在窗口的左侧，Photoshop CC 2015 的工具箱中包含 70 多个工具按钮，如图 1-1-13 所示。功能相似的多个工具组成一个工具组，其标志是工具按钮的右下角有一个黑色小三角形符号，在这些按钮上按住鼠标左键不放或右击，就可以显示隐藏的工具按钮和对应的工具名称。使用这些工具，可以快捷地对图像进行编辑处理。

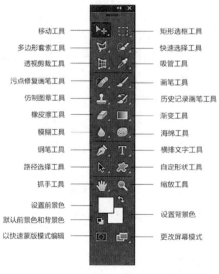

图 1-1-13　工具箱

（1）工具箱的显示与隐藏

单击"窗口"菜单中的"工具"命令，如果"工具"前面显示有"√"，则窗口中显示工具箱，如果没有"√"，则隐藏工具箱。

（2）工具箱的展开与折叠

单击工具箱最上方的"展开 / 折叠"按钮，工具箱按单列 / 双列方式显示。

（3）工具箱的显示位置

默认情况下，工具箱显示在窗口的左侧。也可以用鼠标拖曳工具箱上部到显示器的任何位置，此时工具箱顶部会显示"关闭"按钮。如果将其拖动到操作界面的左右边界并呈吸附状态时，松开鼠标左键即可将工具箱吸附到操作界面的相应边界上。

（4）工具的选择

将光标停留在某一工具按钮上一段时间，系统会提示该工具的名称。单击工具按钮即可选中该工具。如要选择工具组中的其他工具，其方法是在该按钮上按住鼠标左键不放或者右击该按钮，即可显示出该工具组中的所有工具，移动光标单击所需的工具，也可按"Alt"键同时单击工具组按钮，在工具组中的工具之间循环切换。

4. 图像窗口

图像窗口由标题栏、图像显示区、控制窗口图标组成，用于显示、编辑和修改图像。

5. 面板

面板也称为活动控制面板或浮动面板，默认位置是在窗口的右侧，多个面板组合后分两栏排列。面板是图像处理中非常重要的辅助工具，Photoshop CC 2015 提供了 29 个基本面板，此外还可以增加一些面板。

（1）面板的显示与隐藏

单击面板最上方的"展开面板 / 折叠为图标"按钮，可以将面板显示出来或者折叠为一个图标。如果面板图标没有显示在窗口中，可以通过"窗口"菜单将其显示出来。

（2）面板的拆分与组合

用鼠标将面板图标或标签拖动到其他面板或面板组中，可将面板进行组合。反之，用鼠标将面板图标或标签从一个组中拖出，即可将面板进行拆分。

（3）面板的显示位置

默认情况下，面板分两列显示在窗口的右侧。可以用鼠标拖动面板顶部到显示器的任何位置，此时面板顶部会显示"关闭"按钮。

6. 状态栏

状态栏位于窗口的最底部，主要用于显示图像处理过程中的相关信息，如窗口显示比例、文档大小、尺寸等信息。在显示比例栏中，输入相关数值可以改变当前图像的显示比例。

二、图像基础知识

1. 位图

Photoshop 主要用于处理由像素所构成的位图。位图也称为点阵图像或栅格图像，是由一个个像小方块一样的像素组成的图形。位图的优点是可以表现色彩的变化和颜色的细微过渡，产生逼真的效果；缺点是放大后不清晰，其清晰度与分辨率有关。

2. 矢量图

矢量图是用数学方式描述的曲线及曲线围成的色块组成的图像。矢量文件中的图形元素称为对象，每个对象都是独立的，具有颜色、形状、轮廓、大小和位置等属性。矢量图与分辨率和图像大小无关，只与图像的复杂程度有关，放大后图像不会失真。其优点是文件存储空间较小，图像可以无级缩放，可以采取高分辨率印刷；缺点是难以表现色彩层次丰富的自然景观。矢量图以几何图形居多，广泛用于图案、文字和标志设计，以及 VI（visual identity，视觉识别）等设计。Photoshop 中内置了丰富的矢量图形可供用户选择。矢量图与位图的效果相差比较大，大部分位图都是由矢量导出来的。

3. 像素

图像元素简称像素（Pixel），是构成数码影像的基本单元。它是由一个二进制数字序列表示的图像中的一个最小单位。一个像素所能表达的不同颜色数取决于二进制数字序列的位数，例如，8 位色彩深度可以表示 $2^8=256$ 色。

4. 图像分辨率

图像分辨率是指单位长度内所包含像素的数量，它决定了位图图像细节的精细程度。通常情况下，图像分辨率越高，所包含的像素就越多，图像就越清晰，印刷的质量也就越好，同时，它也会增加文件占用的存储空间。当图片尺寸以像素为单位时，需要指定其固定的分辨率，才能将图片尺寸与实际尺寸相互转换。例如，某一图像的宽度为 1 000 像素，分辨率为 100 像素 / 厘米，则该图像的实际宽度为 10 厘米。

5. 图像的颜色模式

在 Photoshop 图像编辑过程中，需要处理各种颜色模式的图片素材，熟悉各种颜色模式的特点，以便更加精准地进行图片处理。颜色模式是将某种颜色表现为数字形式的模型，其功能在于方便用户使用各种颜色，而不必每次使用颜色时，都进行颜色的重新调色。Photoshop 中的颜色模式包括位图模式、灰度模式、双色调模式、索引颜色模式、RGB 颜色模式、CMYK 颜色模式、Lab 颜色模式和多通道模式等，其含义及特点见表 1-1-1。

表 1-1-1 常用颜色模式的含义及特点

颜色模式	含义	特点
位图模式	该模式的图像也称为黑白图像，它只使用黑白两种颜色中的一种表示图像中的像素	包含的信息最少，占磁盘空间最小
灰度模式	该模式下只用黑色、白色及两者间的一系列从黑到白的过渡色显示图像	灰度图中不包含任何色相，即不存在红色、黄色等
双色调模式	该模式通过 1~4 种自定义油墨创建单色调、双色调、三色调和四色调的灰度图	可用于增加灰度图像的色调范围或用来打印高光颜色
索引颜色模式	该模式下的图像像素用一个字节表示，它最多包含有 256 色的色表储存并索引其所用的颜色	图像质量不高，空间占用较少
RGB 颜色模式	该模式也称为加色模式，是屏幕显示的最佳颜色，由红（R）、绿（G）、蓝（B）三种颜色组成，每一种颜色有 0 ~ 255 种亮度变化	该模式是工业界的一种颜色标准，是目前应用最广的颜色模式之一，如用于显示器、LED 显示等
CMYK 颜色模式	该模式也称为减色模式，由青（Cyan）、洋红（Magenta）、黄（Yellow）、黑（blacK）组成	一般打印输出及印刷都采用这种模式
Lab 颜色模式	该模式由一个明度（L）和两个色彩（a、b）共三个通道组成	主要影响着色调的明暗，是颜色模式转变的中间形式
多通道模式	在该模式中，每个通道都包含 256 个灰度级，一般包括 8 位通道与 16 位通道	多用于特定的打印或输出

通常情况下将颜色模式设置为"RGB 颜色"，但颜色模式之间是可以相互转换的。下面以将一张 RGB 颜色模式的图像转换为灰度模式为例，介绍图像颜色模式的转换方法。

（1）打开素材"花海 .jpg"，该图像为 RGB 颜色模式，如图 1-1-14 所示。

图 1-1-14 RGB 颜色模式

（2）单击"图像"菜单中的"模式"命令，弹出"模式"子菜单，其中已勾选的"RGB颜色"就是当前图像的颜色模式，如图 1-1-15 所示。

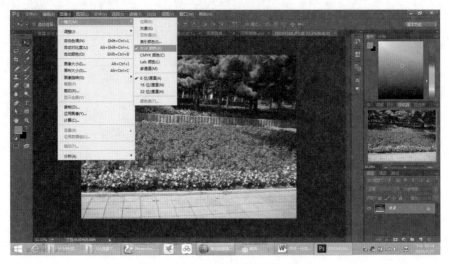

图 1-1-15　查看图像的颜色模式

（3）在"模式"子菜单中选择"灰度"命令，弹出"信息"对话框，如图 1-1-16 所示。

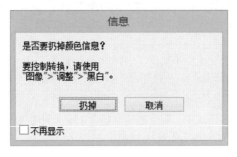

图 1-1-16　"信息"对话框

（4）单击"扔掉"按钮，图像的颜色模式即转换为灰度模式，如图 1-1-17 所示。

图 1-1-17　灰度模式

三、图像的变换

图像的变换包括旋转、翻转、自由变换、缩放、调整图像大小、斜切、透视等。结合本学习任务，下面重点介绍自由变换、缩放、调整图像大小等变换操作。

1. 自由变换

单击"编辑"菜单中的"自由变换"命令，或按"Ctrl+T"键，打开自由变换工具，可以对图像应用连续的旋转、缩放、倾斜和扭曲等编辑操作。

例如，打开素材"人像雕塑.jpg"，按"Ctrl+T"键打开自由变换工具，图像出现带 8 个控制句柄的自由变换编辑框，拖曳图片的四条边和四个角的控制句柄，即可对图片进行缩放；在图片外按住鼠标左键拖动可旋转图片，如图 1-1-18 所示。在自由变换编辑框内双击或按"回车"键，可提交变换；按"Esc"键可取消变换。

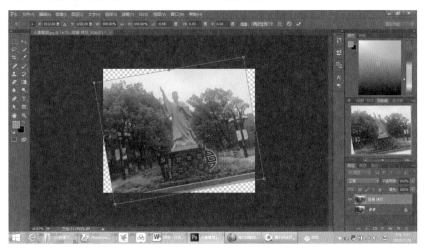

图 1-1-18　旋转与缩放

在图片上单击鼠标右键，在弹出的快捷菜单中单击"扭曲"命令（图 1-1-19），可对图像执行扭曲变形操作，效果如图 1-1-20 所示。

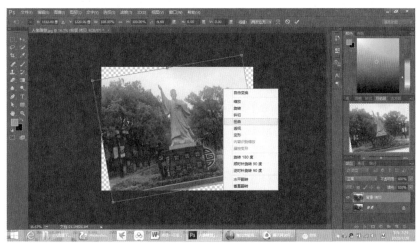

图 1-1-19　执行扭曲变形操作

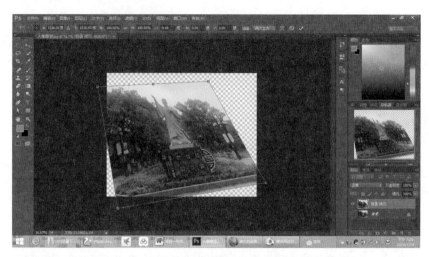

图 1-1-20　扭曲后的效果

在使用自由变换命令时，除了用鼠标进行粗略的调整，还可以使用工具选项栏进行精确的变换，例如，将图像调整到宽度为 160 像素，高度为 90 像素，以左上角为中心顺时针旋转 5°。此时用鼠标右键单击选项栏中的"W"及"H"设置框，在弹出的快捷菜单中选择单位为"像素"，再设置各项具体的参数，如图 1-1-21 所示。

图 1-1-21　"自由变换工具"选项栏

2. 缩放

缩放工具用于对图像进行放大与缩小操作，以便更好地观察和修改图像。当光标为带"+"的放大镜时，单击图像即可放大图像；当光标为带"–"的放大镜时，单击图像即可缩小图像；按住"Alt"键可以在放大和缩小之间切换。缩放工具选项栏如图 1-1-22 所示。

图 1-1-22　"缩放工具"选项栏

3. 调整图像大小

（1）画布大小

画布是用于编辑图像的区域。简单地说，如果将图像比喻成一幅画，那么画布就是画纸。当由于图像尺寸过大或绘制位置不合适等原因导致图像超出了画布范围，就不能完整地显示图像的内容，要通过调整画布的大小来解决。修改画布大小并不会改变原有图像的大小，只会改变画布区域。若要缩小画布尺寸，可以裁剪图像。

在操作过程中，如需调整画布大小，可以通过单击"图像"菜单中的"画布大小"命令，或按快捷键"Ctrl+Alt+C"，弹出"画布大小"对话框，如图 1-1-23 所示，输入画布的宽度值和高度值，单击"确定"按钮。如果输入的数值小于当前画布的值，将弹出对话框，要求确认是否继续剪切。

　　"画布大小"对话框的最下端可以设置画布的扩展颜色。默认情况下为背景色，也可以根据需要更改为其他颜色。单击右端的颜色块，弹出"拾色器（画布扩展颜色）"对话框，如图 1-1-24 所示，设置所需的颜色，单击"确定"按钮。

图 1-1-23　"画布大小"对话框

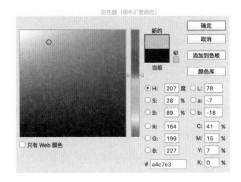

图 1-1-24　"拾色器（画布扩展颜色）"对话框

　　定位处九个方格表示画布扩展的方向，单击方格中的箭头或圆点可以设置画布扩展的方向。勾选"相对"后，画布将在原位置上进行扩展。图 1-1-25 中的设置表示画布将在上、下两个方向上各扩展 0.5 厘米。

图 1-1-25　设置画布扩展方向

（2）图像大小

　　画布可以调整大小，图像大小也可以进行调整，但与调整画布大小不同的是，调整图像大小时，画布会随着图像的大小一起改变。图像大小是图像自身的属性，包括像素、尺寸、分辨率等参数。单击"图像"菜单中的"图像大小"命令，弹出"图像大小"对话框，如图 1-1-26 所示，在对话框中修改图片宽度和高度的值，或者修改分辨率的值，都可以改变图像的大小。

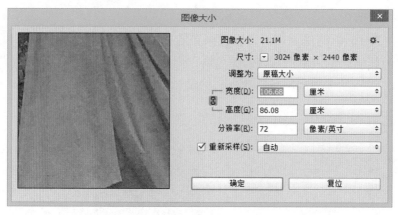

图 1-1-26 "图像大小"对话框

"宽度"和"高度"中间的 🔘 图标呈断开状时，可单独调整其参数。

当调小分辨率数值时，图像文件会变小；当调大分辨率数值时，图像文件会变大。

四、移动工具

移动工具用于移动所选对象的位置，如果没有选择对象，则移动当前图层中的对象。移动工具不仅可以用鼠标拖动对象，还可以使用工具选项栏中的按钮对齐或分布对象。

在移动工具选项栏中，勾选"自动选择"，按住"Shift"键依次单击不同图层中的对象，选择了多个对象后，选项栏中的"对齐"和"分布"按钮亮度增强，可以正常使用，如图 1-1-27 所示。勾选"显示变换控件"，在选中的图层上显示变换控件，此时无须使用变换命令即可拖动控制句柄对对象进行变换。

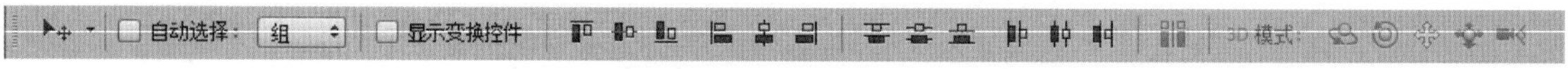

图 1-1-27 "移动工具"选项栏

五、在多个窗口查看图像

当打开多个图像时，单击图像窗口标签可以进行图像切换，若需要同时查看多个图像，可以使用 Photoshop CC 2015 提供的窗口排列功能，如图 1-1-28 所示。用户可以根据操作需要，选择窗口排列方式，常用的有"在窗口中浮动""将所有内容合并到选项卡中"两种方式。和面板的组合与拆分操作类似，用鼠标拖动图像窗口的标题栏或标签，可以将该图像窗口合并到选项卡中，或者从选项卡方式转变为浮动窗口方式。

图 1-1-28　窗口排列

思考练习

一、操作题

1.将导航器与历史记录面板组合为一个面板组，放置在右侧面板区中，将面板高度调整到最小，如图 1-1-29 所示。

2.使用"文房四宝"文件夹中的五种素材，制作文房四宝，如图 1-1-30 所示。

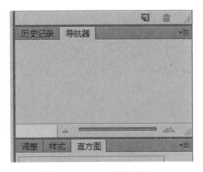

图 1-1-29　面板组合

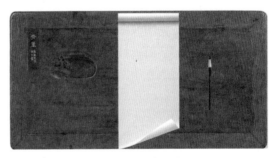

图 1-1-30　文房四宝

二、简答题

1.位图、矢量图各有什么特点？

2.Photoshop CC 2015 可以处理哪几种颜色模式的图像？

3.缩放图像的方法有哪几种？

4.如何对图像进行自由变换操作？

5.退出 Photoshop CC 2015 常用的方法有哪几种？

任务 2 制作蓝天白云图像效果

学习目标

● 了解图层的作用及其常见的类型。

● 了解图层面板的作用。

● 了解常用图像格式的特点。

● 能用魔棒工具建立选区。

● 能用图案图章工具绘制图像。

● 能用仿制图章工具修复图像。

任务分析

用相机拍摄的照片往往存在着某些不足，需要用 Photoshop 对其进行处理，使其更加完美。打开素材"石林 .jpg"，如图 1-2-1 所示，图片中的天空效果让石林黯然失色。

本任务要求使用魔棒工具、图案图章工具和仿制图章工具把石林图片的天空变成美丽的蓝天白云，让石林更有魅力，如图 1-2-2 所示。首先将素材白云图像转换为图案图章，再用魔棒工具选择素材石林图像中灰蒙蒙的天空区域，然后在新建的图层上用图案图章工具把蓝天白云涂抹到选区，从而遮挡住石林图像的天空，达到改变天空区域图像效果的目的，最后用仿制图章工具修饰填充图案拼接处的痕迹，使其更加自然，并调整石林图层的饱和度，使图像色彩更加明艳。本任务的学习重点是魔棒工具、图案图章工具及仿制图章工具的使用。

图 1-2-1 素材图片

图 1-2-2 处理后的效果图

1. 打开素材文件

运行 Photoshop 软件，打开素材"石林 .jpg"和"白云 .jpg"。

2. 自定义白云图案

（1）单击"白云"文件窗口标签，使之为当前窗口。

（2）单击"编辑"菜单中的"定义图案"命令，弹出"图案名称"对话框，在对话框中输入图案名称"白云"，单击"确定"按钮，如图 1-2-3 所示。完成自定义图案后关闭"白云 .jpg"文件窗口。

图 1-2-3　自定义白云图案

3. 复制"石林图层"背景层，并更名为"石林"

（1）单击"石林"文件窗口标签，打开图层面板，用鼠标拖曳背景图层到"创建新图层"按钮上松开，复制背景图层，图层名称为"背景 拷贝"。

（2）双击图层名称"背景 拷贝"，进入编辑状态，输入新的名称"石林"，如图 1-2-4 所示。

图 1-2-4　建立"石林"图层

4. 选取"石林"图层中的天空区域

（1）单击选中"石林"图层，选择工具箱中的"魔棒工具" ，在工具选项栏中选择"添加到选区"按钮，设置容差为 10，勾选"消除锯齿"，如图 1-2-5 所示。

图 1-2-5　"魔棒工具"选项栏设置

（2）分别在天空区域的不同位置单击，直至选取全部天空区域，如图 1-2-6 所示。

图 1-2-6　选取全部天空区域

5. 新建"白云"图层

单击"图层"/"新建"/"图层"（或按快捷键"Ctrl+Shift+N"），弹出"新建图层"对话框，修改图层名称为"白云"，如图 1-2-7 所示，单击"确定"按钮。

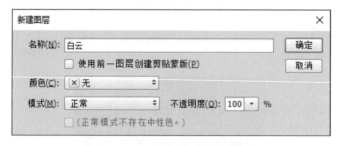

图 1-2-7　新建"白云"图层

6. 用"图案图章工具"绘制白云

（1）选择工具箱中的"图案图章工具" ，在选项栏中设置大小为 500 像素，硬度为 100%，模式为"正常"，不透明度为 30%，如图 1-2-8 所示。再单击打开"图案"拾色器，选择白云图案，如图 1-2-9 所示。

图 1-2-8　"图案图章工具"选项栏设置

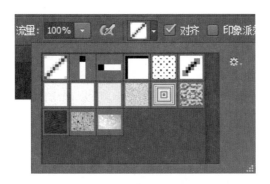

图 1-2-9 "图案"拾色器

（2）按住鼠标左键，在选区中进行均匀涂抹，如图 1-2-10 所示。

图 1-2-10 绘制白云

7. 用"仿制图章工具"修饰绘制的白云接缝

（1）选择工具箱中的"仿制图章工具" ![icon]，在选项栏设置大小为 150 像素的柔边笔刷，如图 1-2-11 所示。

图 1-2-11 "仿制图章工具"选项栏设置

（2）按住"Alt"键不放，单击白云某处后松开"Alt"键，将该位置设置为采样中心点。

（3）在白云图案的边界上进行涂抹，使其看起来更自然。

（4）单击"选择"菜单中的"取消选择"命令（或按快捷键"Ctrl+D"）取消选区，修饰完成的效果如图 1-2-12 所示。

图 1-2-12　修饰完成的效果

8.　调整"石林"图层饱和度

（1）在图层面板中单击"石林"图层，使之成为当前图层。

（2）单击"图像"/"调整"/"自然饱和度"，弹出"自然饱和度"对话框，设置自然饱和度为 60，饱和度为 100，单击"确定"按钮，如图 1-2-13 所示。

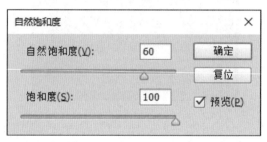

图 1-2-13　调整"石林"图层饱和度

9.　保存图像文件

单击"文件"菜单中的"存储为"命令，在弹出的"另存为"对话框中选择以 JPG 格式保存，如图 1-2-14 所示，设置文件名为"魅力石林"。

另外，再以 PSD 格式保存一份，以方便后期进行修改。图像若需应用到其他场合时，可设置为其他格式，如 GIF、PNG 等格式。完成后退出 Photoshop CC 2015。

图 1-2-14　"另存为"对话框

注意事项

1. 使用魔棒工具时，按住"Shift"键，可以不断扩大选区。

2. 使用仿制图章工具复制图像时，符号"+"表示当前取样的区域，如果图像中已经定义选区，则仅在选区中修饰图像。

3. 若要将图像某部分区域定义为图案，可以用"矩形选框工具"选择需要定义的区域，然后再自定义图案，只有在矩形选区内的区域才能被定义为图案。

4. 使用仿制图章工具时，单击"窗口"／"仿制源"，打开仿制源面板，使用该面板可以设置不同的克隆源，最多可以设置 5 个克隆源。克隆源可以针对 1 个图层，也可以针对多个图层。

相关知识

一、图层及图层面板

1. 图层

图层是 Photoshop 中非常重要的功能，涉及几乎所有的编辑操作。与旧版本软件相比，Photoshop CC 2015 在图层面板中新增了画板功能，同时提升了图层样式的功能。

图层就如同一张含有文字或图像等元素的透明胶片，图层按上下顺序叠放在一起，透过上面图层的透明区域可以看到下面图层的内容，组合起来形成图像的最终效果。多图层图像最大的优点是每个图层中的对象都可以单独编辑处理，而不会影响其他图层中的内容。图层可以移动，也可以调整顺序。

2. 图层面板

图层面板是进行图层编辑操作时必不可少的工具。图层面板中显示了当前图像的图层信息，几乎所有的图层操作都可以通过它来实现。图层面板如图 1-2-15 所示。

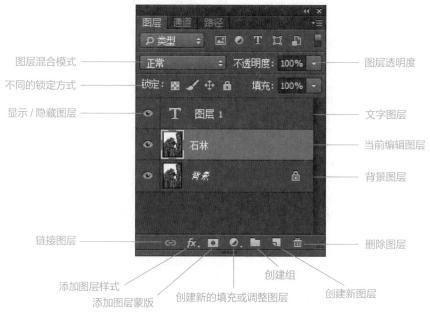

图 1-2-15　图层面板

3. 图层类型

图层类型有背景图层、普通图层、文字图层、调整图层、填充图层、形状图层、智能对象图层 7 种类型。常用图层有背景图层和普通图层。

（1）背景图层

背景图层是一种不透明的图层，位于图层面板的最底部，名称为斜体字"背景"，用作图像的背景。每个文件中只有一个背景图层，一般默认是锁定状态，无法对背景图层进行图层的不透明度、混合模式等控制，无法与其他图层调换叠放次序，但可以先将其转换为普通图层，再进行相关操作。创建背景图层有两种方法。

方法一：使用白色或背景色创建新文件时，自动创建一个背景图层，该图层的名称默认为"背景"。

方法二：将普通图层转换为背景图层，即选择需要转换的普通图层，单击"图层"／"新建"／"背景图层"。

（2）普通图层

普通图层是最基本、最常用的图层类型。所有新建图层都是普通图层，对文字图层、形状图层和填充／调整图层进行栅格化图层操作可以将其转换为普通图层，在图层面板中双击背景图层也可以将其转换为普通图层。

（3）文字图层

使用文字工具输入文字后，将自动生成一个文字图层，默认的文字图层名称是文字内容，在图层面板上缩览图为字母"T"。文字图层不能直接应用滤镜，必须栅格化后，变为普通图层才可以应用。

（4）调整图层

调整图层是一种比较特殊的图层，可以对调整图层以下的图层进行色调和色彩的调整。Photoshop CC 2015 将色调和色彩的设置转换为一个调整图层并单独保存到文件中，这样既方便今后再次修改图像的相关设置，又不会永久性地改变原始图像，从而不会破坏原始图像。

（5）填充图层

可以在当前图层中进行"纯色""渐变"和"图案"3 种类型的填充，并与图层蒙版的功能一起产生遮罩效果。

（6）形状图层

使用形状工具创建图形后，将自动产生一个形状图层。

（7）智能对象图层

智能对象是一个嵌入当前文档中的文件，它可以包含图像，也可以包含矢量软件 Illustrator 中创建的矢量图形。智能对象所在的图层即为智能对象图层。智能对象图层与普通图层的区别在于能够保留对象的源内容和所有的原始特征，这是一个非破坏性的编辑功能。从 Illustrator 中直接复制图形到 Photoshop 软件中，双击智能对象图层进行编辑，保存后的 Photoshop 中的图形也会随之改变。

二、魔棒工具

1. 选区

选区是指选择图像的范围。选区是 Photoshop 中既基本又重要的内容，若要对图像中的某个区域进行编辑，首先要选择这个区域建立选区。选区可以是连续的，也可以是不连续的。选区内的图像可以进行任意的编辑，而在选区以外的内容不能进行编辑。由于选区边界的流动虚线如同众多连续爬动的蚂蚁，故俗称"蚂蚁线"。

在 Photoshop 中，选区就是用各种选择工具选取图像的范围。Photoshop 中提供了许多选择工具可以直接建立选区，还可以用其他的一些工具或方法来间接建立选区，用户可以根据情况灵活选用。

2. 魔棒工具组

魔棒工具组是 Photoshop 中非常重要的选择工具，如图 1-2-16 所示，魔棒工具组中有快速选择工具和魔棒工具两种工具。快速选择工具是利用可调整的圆形画笔笔尖快速"绘制"选区。魔棒工具是通过区分每个像素的颜色，利用像素颜色差别来创建选区的，比较适合处理主体与背景颜色反差明显且主体边缘相对清晰的图片。

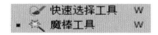

图 1-2-16　魔棒工具组

3. "魔棒工具"选项栏

"魔棒工具"选项栏如图 1-2-17 所示。容差表示可允许的相邻像素间的近似程度，取值为 0 ～ 255，容差越大，选择范围越大。选项栏中的 ████ 四个按钮分别是建立选区的四种运算方式：新选区、添加到选区、从选区减去、与选区交叉。用"新选区"新建的选区会替代原有选区，用"添加到选区"可将所圈选区和原选区合并，用"从选区减去"可从原选区中减去所圈选区，用"与选区交叉"可选取原选区与所圈选区的交叉部分，具体使用效果可通过按钮图标形象地展示出来。

在"魔棒工具"选项栏中，勾选"连续"，表示只选取连续的区域；勾选"对所有图层取样"，表示不仅对当前图层进行选择，对其他可见图层也可以进行选择。

图 1-2-17 "魔棒工具"选项栏

4. 容差参数

使用魔棒工具时，容差的选择十分重要。容差为 10 时创建的选区如图 1-2-18 所示；容差为 60 时创建的选区如图 1-2-19 所示。由图可见，容差为 60 时的选取范围大于容差为 10 时的选取范围。

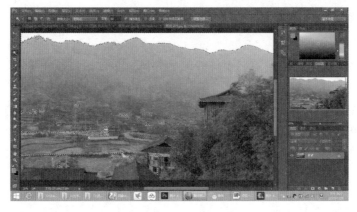

图 1-2-18 容差为 10 时创建的选区

图 1-2-19 容差为 60 时创建的选区

5."色彩范围"命令

魔棒工具虽能选取相同颜色的图像,但不够灵活。Photoshop CC 2015 提供了一个比魔棒工具更为方便的功能——"色彩范围"命令。单击"选择"/"色彩范围",弹出"色彩范围"对话框,如图 1-2-20 所示。

使用此命令,不仅可以一边预览一边调整,还可以随心所欲地完善选取范围,从而将图像中满足"取样颜色"要求的所有像素点都圈选出来。与魔棒工具相比,用"色彩范围"命令选取图像时可以更好地进行控制,而且可以更清晰地显示选取的范围。

图 1-2-20　"色彩范围"对话框

三、图章工具

1. 图案图章工具

图案图章工具是通过在图像中涂抹的方式将图案应用到图像中,也就是在图像中覆盖一层新的区域。图案图章工具可以利用 Photoshop 提供的图案或者自定义的图案进行绘制,常用于制作背景图片。长按工具箱中的"仿制图章工具"按钮,在弹出的隐藏工具中就会出现"图案图章工具",如图 1-2-21 所示,按"S"键,也可快速选择"图案图章工具"。

图 1-2-21　图案图章工具

2. 仿制图章工具

仿制图章工具可以将指定的图像区域像盖章一样,复制到其他区域中,以替换原来的图像,也可以将一个图层的一部分复制到另一个图层中。仿制图章工具多用于修复图像,通常用来修复小面积的污迹或画面缺失。使用时,选中"仿制图章工具",按住"Alt"键,单击鼠标左键指定要复制的基准点,进行采样,设置好选项栏后,通过拖曳鼠标进行涂抹或单击,修补或覆盖图像损毁处。注意要少量多次,避免画面不连贯、不自然,该方法不适用于色彩繁杂的图像。

"仿制图章工具"可以复制图像的局部，将其替换到图像中的其他部分。例如，图 1-2-22 所示图像中有多片荷叶及数朵荷花，如果想在图像中再绘制出更多一模一样的荷叶和荷花，就可以用"仿制图章工具"轻松实现。

图 1-2-22　荷花和荷叶素材

操作步骤如下：

（1）单击工具箱中的"仿制图章工具"按钮，设置画笔直径为 400 像素，硬度为 100%。

（2）按住"Alt"键不放，光标变成靶心形状，在图像中单击需要复制的部分进行采样，采样的范围与画笔大小相同。

（3）松开"Alt"键，把光标移到需要复制图像的区域，按住左键并持续拖动鼠标进行涂抹，直至复制出需要的图案，效果如图 1-2-23 所示。

图 1-2-23　使用仿制图章工具后的效果

四、常用的图像格式

图像格式是指图像文件的存储方式，不同的图像格式代表不同的图像信息和图像特征。

常用图像格式的特点和应用见表 1-2-1。

表 1-2-1　　　　　　　　　　　**常用图像格式的特点和应用**

图像格式	特点	应用
PSD 格式	包含有各种图层、通道、遮罩等多种设计的样稿，方便随时修改	适合印刷，便于再次编辑
BMP 格式	Windows 标准图像文件格式，图像信息较丰富，占用存储空间过大	一般用于 Windows 系统中的屏幕显示以及一些简单的图像系统中
GIF 格式	压缩比高，磁盘空间占用较少	适用于网页，支持透明背景，支持动画
JPEG 格式	用最少的磁盘空间得到较好的图像质量。有损压缩，文件小，质量好	适用于网页，支持上百万种颜色
TIFF 格式	图像格式复杂，存储信息多，有图层，可修改压缩	支持多种程序
PNG 格式	图像文件压缩到极限，有良好的压缩功能，既有利于网络传输，又能保留所有与图像品质有关的信息	适用于网页

思考练习

一、操作题

1. 用小朋友的白色背心素材制作印花背心，如图 1-2-24 所示。

a)　　　　　　　　　　　　　　b)

图 1-2-24　"印花背心"处理前后效果图

a）处理前　　b）处理后

2. 用"湖边小鸟"素材修复湖边的草坪，并在草坪上复制多只小鸟，如图 1-2-25 所示。

a)   b)

图 1-2-25 "湖边小鸟"处理前后效果图

a) 处理前 b) 处理后

二、简答题

1. 常见的图层类型有哪几种？

2. 如何设定魔棒工具的容差？

3. 如何使用图案图章工具绘制叠加效果？

4. 仿制图章工具主要用于修复哪些有瑕疵的图片？

5. 常用的图像格式有哪几种？

任务 3　制作人景合成图像效果

学习目标

- 熟悉选区的建立及羽化等修改操作。
- 掌握图层的命名、隐藏、合并等基本操作。
- 能用磁性套索工具和选择工具创建选区。
- 能用污点修复画笔工具和修复画笔工具修复图像。

任务分析

在用 Photoshop 进行图像处理时，经常要将风景图像、人物图像合成一幅图像。同时，在图像处理过程中，可能在素材中会出现不理想的部分，如存在污点或杂物，对于这样的情况，可以通过污点修复工具、仿制图章工具等来修复图像，以达到预期的效果。

本任务要求将如图 1-3-1 和图 1-3-2 所示的江岸、人物图像合成如图 1-3-3 所示的效果。首先使用选择工具和磁性套索工具对人像抠图，剪切掉多余的部分，然后对人像衣物上的污点及杂物使用污点修复工具和仿制图章工具进行修复，最后使用移动工具和缩放工具调整抠出的人像与背景图像的比例及位置，将背景素材江岸和人物两幅图像融合在一起，实现图像合成。本任务的学习重点是磁性套索工具、污点修复画笔工具和修复画笔工具的使用。

图 1-3-1　江岸图像　　　　　　　图 1-3-2　人物图像

图 1-3-3　制作人景合成效果

 任务实施

1. 新建图像文件

单击"文件"菜单中的"新建"命令，弹出"新建"对话框，如图 1-3-4 所示。设置参数如下：名称为"快乐人像"，文档类型为自定，宽度为 800 像素，高度为 1 000 像素，分辨率为 72 像素 / 英寸，颜色模式为 RGB 颜色、8 位，背景内容为透明。设置好参数后，单击"确定"按钮。

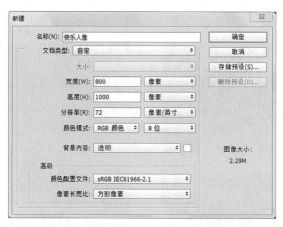

图 1-3-4　"新建"对话框

2. 依次置入图像文件

（1）单击"文件"菜单中的"置入嵌入的智能对象"命令，置入素材"江岸 .jpg"，如图 1-3-5 所示。

图 1-3-5 导入江岸素材

（2）在工具选项栏中的"W"宽度位置单击鼠标右键，在弹出的快捷菜单中选择"像素"为单位，如图 1-3-6 所示。输入准确的宽高像素值：宽度 800 像素、高度 1 000 像素。调好比例后，单击"√"确认。

图 1-3-6 修改单位

（3）在图层面板中单击选中"江岸"图层，右击选择"栅格化图层"，双击图层名称"江岸"，更名为"背景"。

（4）用相同的步骤将人物图层也置入"快乐人像"图层中，并参照上述步骤，调整到相同的比例。在图层面板中，单击选中"人物"图层，右击选择"栅格化图层"，双击图层名称"人物"，更名为"人像"，如图 1-3-7 所示。

图 1-3-7 背景和人像图层

3．创建人像选区

（1）在图层面板中，单击选中"人像"图层，单击工具箱中的"磁性套索工具"按钮，单击"人像"边缘，使光标沿图像边缘滑动，贴着抠图的人像部分自动生成选区，最后将选区闭合，如图 1-3-8 所示。

图 1-3-8　绘制选区

（2）对创建的"人像"选区边缘进行调整。在"磁性套索工具"的选项栏中单击选择"添加到选区"按钮，如图 1-3-9 所示。用鼠标左键拖动并绘制左手手指的区域，松开鼠标左键，此时选中的手指部分将添加到选区中，效果如图 1-3-10 所示。右手部分重复该步骤。

图 1-3-9　"磁性套索工具"选项栏

（3）调整头发和腰身选区边缘，减去多余的选区。在"磁性套索工具"选项栏中单击选择"从选区中减去"按钮，用鼠标左键拖动并绘制目标区域，松开鼠标左键，此时选中的部分将从选区中减去。

（4）对选区的边缘进行精细调整。单击"磁性套索工具"选项栏中的"调整边缘"按钮，在弹出的"调整边缘"对话框中设置平滑为 15，羽化为 2.0 像素，对比度保持 0% 不变，移动边缘为 −10%，勾选"净化颜色"，输出到"新建图层"，单击"确定"按钮，如图 1-3-11 所示。

图 1-3-10　手指部分添加到选区后的效果

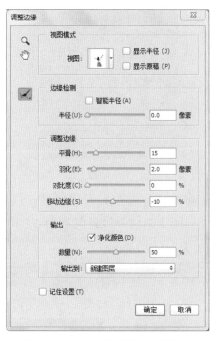

图 1-3-11 "调整边缘"对话框

（5）执行"调整边缘"命令后，生成一个新的图层显示选中的人像选区，并隐藏操作的当前图层，即完成人像抠图，如图 1-3-12 所示。

图 1-3-12 完成抠图

4. 修复人像

（1）在图层面板中删除多余的"人像"图层，再将"人像 拷贝"图层重命名为"人像"图层，单击背景图层的"眼睛"，隐藏该图层，如图 1-3-13 所示。

图 1-3-13　隐藏背景图层

（2）修复人像。适当缩放画面，对焦到人像胳膊处。选择"污点修复画笔工具"，在"污点修复画笔工具"选项栏中（图 1-3-14）设置像素为 6，类型为"内容识别"，在人像胳膊处的痣上涂抹并去除痣，如图 1-3-15 所示。

图 1-3-14　"污点修复画笔工具"选项栏设置

a)　　　　　　　　　　　　　　　　　b)

图 1-3-15　痣去除前后对比

a) 去除前　b) 去除后

（3）单击工具箱中的"修复画笔工具"按钮，设置模式为"正常"，样本为"当前图层"。按住"Alt"键以定义用来修复图像的源点，用鼠标左键单击裙角的花朵痕迹，用源点图案修复裙角为原本的颜色，如图 1-3-16 所示。

a)　　　　　　　　　　　　　　　　　b)

图 1-3-16　花朵痕迹去除前后对比

a) 去除前　b) 去除后

（4）美白皮肤。单击工具箱中的"减淡工具"按钮，在"减淡工具"选项栏中（图 1-3-17）设置像素为 20，在手臂上涂抹，减淡阴影的痕迹，使皮肤变白。

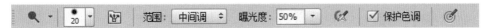

图 1-3-17　"减淡工具"选项栏

5. 调整图像位置

打开背景图层的"眼睛"，取消隐藏背景图层，如图 1-3-18 所示。

单击工具箱中的"移动工具"按钮，按住鼠标左键拖曳"人像"图层中的人像向下移动，移至图片底部即可。

图 1-3-18　取消隐藏背景图层

6. 保存图像文件

单击"文件"菜单中的"存储为"命令，在弹出的"另存为"对话框中选择以 JPG 格式保存。完成后退出 Photoshop CC 2015。

注意事项

1. 使用套索工具、魔棒工具和快速选择工具都可以创建选区。套索工具适合创建粗略的不规则选区，在使用过程中不能闭合选区，直到最后终点与起点重合时才闭合选区；多边形套索工具用于创建规则选区；磁性套索工具以颜色作为智能识别的分界，用于创建精确的不规则选区。魔棒工具和快速选择工具是半自动化工具，可以达到快速抠图的效果，使用非常广泛，使用时，可以灵活地增减选取的面积范围，多与放大镜配合使用。

2. 栅格化图层就是对图层进行栅格化，把矢量图转换为位图，将图层转换为普通图层，以便在这些图层中使用一些绘画工具或滤镜命令。

3. 蒙版是图像合成的重要手段，图层蒙版中的颜色控制着图层相应位置图像的透明程度。在图层面板中，蒙版图层缩略图的右侧会显示一个蒙版的图像，其中黑色、白色和灰色区域分别表示图像合成后隐藏、显示和半透明（透明程度由灰度决定）当前图层的图像。

4. 用污点修复画笔工具涂抹时，笔触像素的大小应尽量与污点相近，涂抹使用少量多次，以便于观察污点去除的效果是否理想。

相关知识

一、嵌入和链接智能对象

1. 嵌入智能对象

嵌入智能对象的内容是嵌入 Photoshop 文档中的，当编辑智能对象时，会在系统的文件夹中建立一个以智能对象名称命名的 PSB 格式的文档。这时画布上被置入的对象边缘四个角处都带有定界框和控制点。智能对象的内容随着文档移动。

2. 链接智能对象

链接智能对象的内容来自外部图像文件，当源图像文件发生更改时，链接的智能对象图层也会随之更新。若修改外部图像文件的位置，则需要重新链接文件。

二、图层的基本操作

1. 创建图层

创建图层就是新建图层，新建一个空白图层，快捷键为 "Ctrl+Shift+N"。

2. 图层命名

双击图层名称区域可以编辑图层名称，按 "回车" 键完成修改。

3. 显示 / 隐藏图层

有 "眼睛" 图标的为显示图层，反之为隐藏图层。按住 "Alt" 键单击 "眼睛" 图标，将只显示当前图层。

4. 合并图层

选中多个图层可以合并成一个图层。

5. 链接图层

将多个图层捆绑在一起，移动其中一个图层，其他所有被链接的图层也随着一起移动。

6. 图层编组

单击 "编组" 按钮，将选定的图层放在一个文件夹里，快捷键为 "Ctrl+G"。

7. 删除图层

单击 "删除" 按钮可以直接删除图层，快捷键为 "Delete"。

三、套索工具组

套索工具组内含有三个工具，它们分别是套索工具、多边形套索工具和磁性套索工具，如图 1-3-19 所示。

图 1-3-19　套索工具组

1. 套索工具

套索工具 ♀ 是最基本的选区工具，在处理图像时起着非常重要的作用。套索工具组中的套索工具用于选取任意不规则的选区，选取的选区边缘粗略，并不精细。

2. 多边形套索工具

多边形套索工具 ♀ 用于选取有一定规则的选区，如三角形、四边形选区。

3. 磁性套索工具

磁性套索工具 ♀ 选取的选区边缘比较清晰，一般用于处理主体与背景颜色反差明显，并且主体边缘相对清晰的图片。其使用方法是单击工具箱中的"磁性套索工具"按钮，然后单击主体边缘某处作为选区的起点，磁性套索工具自动贴合主体的边缘，当光标沿主体边缘回到起点并与起点重合时，磁性套索工具图标的右下角会出现一个圆圈，单击鼠标左键，图像主体即呈现被选取状态。

磁性套索工具通过分析颜色边界，在经过的区域寻找颜色的分界来形成选区。相对于磁性套索工具，魔棒工具更快捷，只需用鼠标左键单击颜色区域快速选取选区，在实际使用过程中可以根据具体情况选用最佳的工具，以达到所需的效果。

四、污点修复画笔工具组

污点修复画笔工具组中包含污点修复画笔工具、修复画笔工具、修补工具、内容感知移动工具和红眼工具，可以对图像中的瑕疵和缺陷进行修复，按快捷键"Shift+J"，可以在该工具组中的各工具之间进行切换，如图1-3-20所示。

图1-3-20　污点修复画笔工具组

1. 污点修复画笔工具

污点修复画笔工具 ♀ 是 Photoshop 中处理图片常用的工具之一，利用污点修复画笔工具可以快速地将照片中的污点和其他不理想的部分处理干净。

污点修复画笔工具与修复画笔工具不同，污点修复画笔工具不需要取样，主要使用图像或图案中固有像素的纹理、光照、阴影和透明度与所修复的像素相匹配，一般用于修复比较小的污点。

污点修复画笔工具最大的优点是不要求指定样本像素，只要确定好要修补的图像位置，Photoshop 就会从所修补区域的周围取样进行自动匹配。也就是说，只要在需要修补的位置画上一笔然后松开鼠标，就完成了修补。该工具在实际应用时比较实用，且操作简单。

2. 修复画笔工具

按住"Alt"键＋鼠标左键取样，松开鼠标左键并移动光标到需要修复的区域，再按住鼠标左键进行涂抹即可。

修复画笔工具和仿制图章工具类似，区别在于前者会识别周围环境以达到融合效果，而后者是完全复制效果。

3. 修补工具

修补工具能够对像素进行融合，让被修补区域与周围区域和谐过渡。

4. 内容感知移动工具

内容感知移动工具会根据周围的像素自动取样填充并覆盖该区域。

5. 红眼工具

红眼工具用于去除图片中的红眼效果。

五、羽化选区

创建选区后，可以通过如图 1-3-21 所示的菜单命令，根据需要对选区的轮廓进行编辑修改，包括对选区边界的修改以及平滑、扩展、收缩和羽化选区等，并可通过拖动选区控制点的方式调整选区边框的形状。下面重点介绍羽化选区操作。

通常，使用选框工具建立的选区其边缘是"硬"的，在 Photoshop 中，羽化选区的边缘轮廓可以产生自然柔和的效果。

1. 对已绘制的选区进行羽化操作

单击"选择"/"修改"/"羽化"，打开"羽化选区"对话框，如图 1-3-22 所示。在该对话框中可以对"羽化半径"进行设置，羽化半径越大，效果就越柔和。对于抠图，建立选区后，先单击"选择"/"反选"，反选选区，再进行羽化操作，可以羽化所抠图像的边缘。

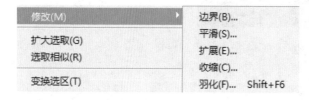

图 1-3-21　修改菜单　　　　　　　　图 1-3-22　"羽化选区"对话框

2. 对将要创建的选区进行羽化操作

在选区工具栏的"羽化"框中输入羽化值，可以为要创建的选区设置羽化效果。

思考练习

一、操作题

使用如图 1-3-23 所示素材制作"移花接木"效果，如图 1-3-24 所示。

a)　　　　　　　　　　　　　　　b)

图1-3-23　花朵素材

a）素材1　b）素材2

图1-3-24　"移花接木"效果

二、简答题

1. 为什么要栅格化图层？

2. 套索工具组中包含哪三个工具？它们各有什么特点？

3. 污点修复画笔工具组中包含哪些工具？

4. 污点修复画笔工具和修复画笔工具有何区别？

5. 如何对选区进行羽化？

任务 4　制作信封与邮票

学习目标

- 能正确区分矩形选框工具、套索工具、魔棒工具的使用场合。
- 掌握选区的描边和填充等操作。
- 掌握辅助线和网格线的设置及使用方法。
- 掌握图层的复制、重命名及分组等操作。
- 掌握文字工具、文字图层的使用方法。
- 能用动作面板制作邮票的锯齿边效果。

任务分析

本任务要求将如图 1-4-1 和图 1-4-2 所示的地方风景融入信封与邮票设计，以期对宣传地方人文和本地文化起到积极的促进作用。本任务从构图上可以分为信封和邮票两个部分。信封一般包含收件人邮编、寄件人邮编、贴邮票处等，通过颜色填充、矩形选框工具建立选区、描边、自由变换等操作完成创意设计。邮票使用矩形选框工具、文字工具和动作面板等来完成。最后将邮票图形与绘制的信封图形进行组合，如图 1-4-3 所示。本任务的学习重点是选区描边、动作等操作。

图 1-4-1　临汉门

图 1-4-2　邮票风景素材

图 1-4-3 信封与邮票

1. 新建图像文件

单击"文件"菜单中的"新建"命令（或按快捷键"Ctrl+N"），弹出"新建"对话框，如图 1-4-4 所示。设置参数如下：名称为"信封与邮票"，文档类型为自定，宽度为 220 毫米，高度为 110 毫米，分辨率为 96 像素 / 英寸，颜色模式为 RGB 颜色、8 位，背景内容为白色。设置好参数后，单击"确定"按钮。

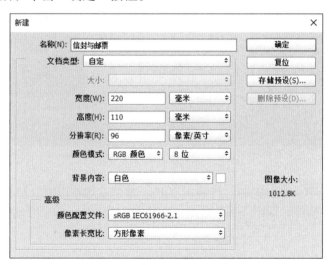

图 1-4-4 "新建"对话框

2. 设置前景色

单击工具箱中的"设置前景色"按钮，弹出"拾色器（前景色）"对话框，如图 1-4-5 所示。设置参数 R：233、G：200、B：137 后，单击"确定"按钮。单击工具箱中的"油漆桶工具"按钮（或按快捷键"Alt+Delete"），将文件背景填充为设置的前景色。

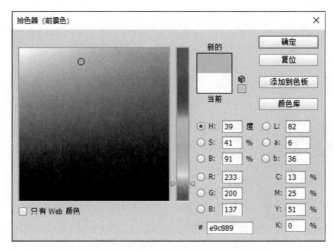

图 1-4-5 "拾色器（前景色）"对话框

3. 设置参考线

单击"视图"菜单中的"标尺"命令，或按快捷键"Ctrl+R"，即打开标尺。按住鼠标左键从左边标尺处拖出垂直方向的两条参考线，分布于 50 像素和 100 像素处。按住鼠标左键从上方标尺处拖出水平方向的两条参考线，分布于 25 像素和 75 像素处（主要为后面画正方形的格子做准备）。设置参考线效果如图 1-4-6 所示。

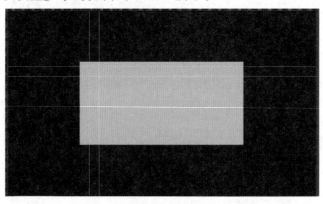

图 1-4-6 设置参考线效果

也可以单击"视图"菜单中的"新建参考线"命令，在弹出的"新建参考线"对话框中选择水平或垂直的参数值，如图 1-4-7 所示。

图 1-4-7 新建参考线

在"视图"菜单的"显示"子菜单中勾选"网格"命令，显示网格参考线，如图1-4-8所示。

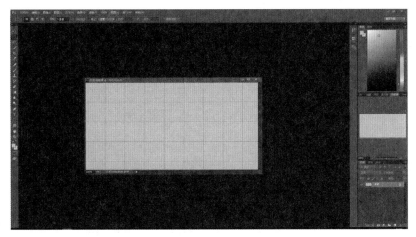

图 1-4-8　显示网格参考线

4. 绘制正方形

（1）单击"图层"/"新建"/"图层"（或按快捷键"Ctrl+Shift+N"），弹出"新建图层"对话框，修改名称为"收件人邮编"，如图1-4-9所示，单击"确定"按钮。

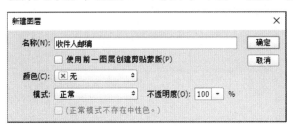

图 1-4-9　新建"收件人邮编"图层

（2）单击工具箱中的"矩形选框工具"按钮，同时按住"Shift"键不放，绘制一个正方形选区。

（3）单击"编辑"菜单中的"描边"命令，弹出"描边"对话框，设置宽度为3像素，颜色为红色（R：255、G：0、B：0），如图1-4-10所示，单击"确定"按钮，效果如图1-4-11所示。

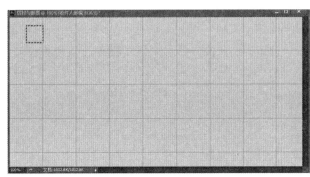

图 1-4-10　描边参数设置　　　　　　　　图 1-4-11　描边效果

（4）单击"选择"菜单中的"取消选择"命令（或按快捷键"Ctrl+D"）取消选区。

5. 复制"收件人邮编"图层，调整正方形的位置

（1）在图层面板中单击选择"收件人邮编"图层，单击"图层"菜单中的"复制图层"命令，弹出"复制图层"对话框，如图 1-4-12 所示，单击"确定"按钮，生成"收件人邮编 拷贝"图层（也可按快捷键"Ctrl+J"快速复制图层），再连续复制"收件人邮编"图层 4 次。

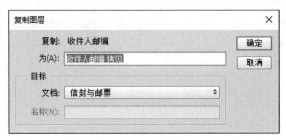

图 1-4-12　"复制图层"对话框

（2）选中其中的一个图层，单击工具箱中的"移动工具"按钮，按住"Shift"键往右拖动，放置最后一个正方形邮编格子，如图 1-4-13 所示。

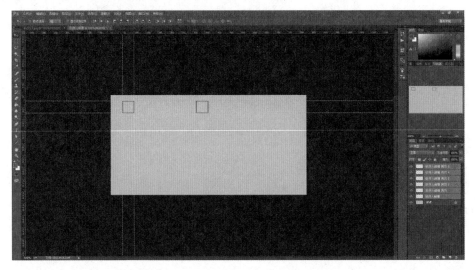

图 1-4-13　放置最后一个正方形邮编格子

（3）按住"Ctrl"键，同时单击选中正方形的 6 个图层，单击工具选项栏中的"水平居中分布"按钮，6 个正方形水平居中排列，效果如图 1-4-14 所示。

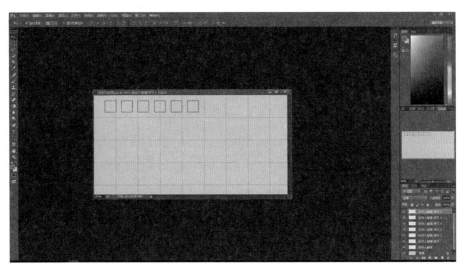

图 1-4-14　6 个正方形水平居中排列效果

6. 制作信封的寄件人邮编

单击工具箱中的"横排文字工具"按钮 **T**，在文件空白处单击，输入文字"邮政编码："，在工具选项栏中设置字体为黑体，字体大小为 18 点，文本颜色为红色，单击"提交所有当前编辑"按钮，如图 1-4-15 所示。

图 1-4-15　文本参数设置

7. 复制素材文件到新建文件

（1）单击"文件"菜单中的"打开"命令，弹出"打开"对话框，选择素材"临汉门 .jpg"，单击"打开"按钮。

（2）单击"临汉门"文件窗口标签，将"临汉门"文件窗口作为当前窗口。单击"选择"菜单中的"全部"命令（或按快捷键"Ctrl+A"），选择全部图像。

（3）单击"编辑"菜单中的"拷贝"命令（或按快捷键"Ctrl+C"）。单击"信封与邮票"文件窗口标签，将"信封与邮票"文件窗口作为当前窗口。单击"编辑"菜单中的"粘贴"命令（或按快捷键"Ctrl+V"），如图 1-4-16 所示。

8. 修改图层名称

在图层面板中单击选中"图层 1"，单击"图层"菜单中的"重命名图层"命令，也可以双击图层名称快速激活重命名图层功能，将图层名称修改为"临汉门"，按"回车"键提交修改，如图 1-4-17 所示，最后关闭"临汉门 .jpg"图片素材文件。

图 1-4-16　复制粘贴素材文件

图 1-4-17　重命名图层

9. 调整临汉门图片的大小和位置

（1）单击"编辑"菜单中的"自由变换"命令（或按快捷键"Ctrl+T"），图像四周出现虚线的变换控制框，其中包括八个控制句柄和一个控制中心点，在工具选项栏中单击选中"保持长宽比"按钮。

（2）拖动虚线框四个角点的任意一个控制句柄调整图片大小，确定好大小后，单击鼠标右键，在弹出的快捷菜单中选择"水平翻转"（或在工具选项栏中设置水平缩放为 -100.00%），调整好素材后单击工具选项栏中的"提交变换"按钮（或按"回车"键）。

（3）单击工具箱中的"移动工具"按钮，按住鼠标左键将临汉门图片拖动到合适的位置，如图 1-4-18 所示。

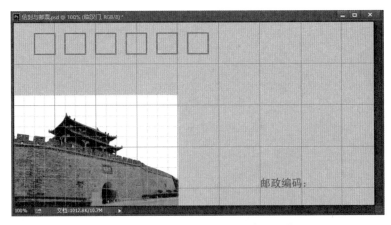

图 1-4-18　拖动临汉门图片到合适的位置

10.　用魔棒工具抠出建筑物

（1）单击工具箱中的"魔棒工具"按钮，单击临汉门图片背景白色处，选中图片白色背景选区。

（2）单击"编辑"菜单中的"清除"命令（或按"Delete"键），删除背景。

（3）单击"选择"菜单中的"取消选择"命令（或按快捷键"Ctrl+D"），取消选区。用魔棒工具抠出建筑物效果如图 1-4-19 所示。

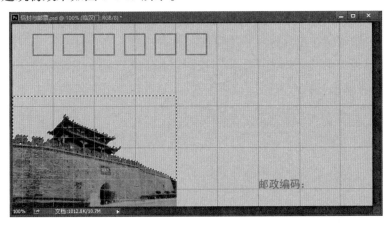

图 1-4-19　用魔棒工具抠出建筑物效果

11.　调整图层混合模式

在图层面板中单击"临汉门"图层，设置图层的混合模式为"正片叠底"，效果如图 1-4-20 所示。

图 1-4-20 "正片叠底"效果

12. 制作信封右上角的贴邮票处

（1）单击工具箱中的"矩形工具"按钮，按住"Shift"键绘制一个正方形。参数设置：颜色为红色，无填充，描边为1点，线型为虚线，如图1-4-21所示。

图 1-4-21 "矩形工具"选项栏设置

（2）单击"图层"菜单中的"复制图层"命令，弹出"复制图层"对话框，保持默认设置，单击"确定"按钮。在工具选项栏中将线型改为实线，其余保持不变，调整好位置。

（3）单击工具箱中的"横排文字工具"按钮，在工具选项栏中设置字体为黑体，字体大小为14点，颜色为红色，输入文字"贴邮票处"，效果如图1-4-22所示。

图 1-4-22 "贴邮票处"效果

13. 导入邮票风景素材

参照步骤8~10打开"邮票风景素材.jpg"图像文件，将其复制粘贴到"信封与邮票"文件中，调整图片的大小（280像素×220像素）和位置，修改图层名称为"邮票"，然后关闭"邮票风景素材.jpg"图像文件，如图1-4-23所示。

图 1-4-23　导入邮票风景素材

14. 制作邮票锯齿边

（1）打开动作面板。单击"窗口"菜单中的"动作"命令（或按快捷键"Alt+F9"），弹出动作面板，如图 1-4-24 所示。

（2）单击动作面板下方的"创建新组"按钮，新建一个动作组，如图 1-4-25 所示。在弹出的面板中将动作组命名为"邮票效果"，如图 1-4-26 所示。

图 1-4-24　动作面板

图 1-4-25　新建动作组

图 1-4-26　动作组命名

（3）单击动作面板下方的"创建新动作"按钮，弹出"新建动作"对话框，将名称改为"邮票效果动作"，功能键设置为 F2，颜色设置为橙色，如图 1-4-27 所示。

（4）单击"记录"按钮，开始进行邮票效果动作的录制，如图 1-4-28 所示。红色圆圈表示开始记录动作。

图 1-4-27　创建新动作

图 1-4-28　开始记录动作

（5）选中邮票素材，单击工具箱中的"自定形状工具"按钮，在工具选项栏中单击形状旁的下拉箭头，选取名称为"邮票 2"的形状工具，如图 1-4-29 所示，在弹出的自定形状选项中单击选择"定义的比例"，如图 1-4-30 所示。

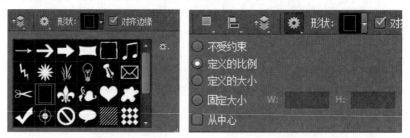

图 1-4-29　选取形状工具"邮票 2"　　　图 1-4-30　选择"定义的比例"

（6）打开图层面板，单击"新建图层"按钮新建图层，单击工具箱中的"自定形状工具"按钮，在工具选项栏中设置模式为"路径"，如图 1-4-31 所示，用"自定形状工具"在文档中拖拉生成邮票形状的路径。自定形状默认是"形状"。按"Ctrl+ 回车"键转换路径为选区，将前景色设置为白色，按"Alt+Delete"键为选区填充白色，按"Ctrl+D"键取消选区，效果如图 1-4-32 所示。

图 1-4-31　设置路径模式

（7）单击工具箱中的"魔棒工具"按钮，选取邮票外围选区，细节位置可以用工具箱中的"放大工具"将图片放大，用"套索工具"叠加选择，如图 1-4-33 所示。

图 1-4-32　绘制邮票锯齿边效果　　　图 1-4-33　选中外围选区

（8）选中邮票风景素材图层，按"Delete"键删除路径，再删除选区内的图像。注意，这里一定要按两次删除，因为路径在执行动作时会保留，必须将其删除。删除完成后按"Ctrl+D"键取消选区，效果如图 1-4-34 所示。

图 1-4-34　邮票锯齿边效果

（9）单击动作面板下方的"停止播放 / 记录"按钮，结束邮票锯齿边效果的动作编辑。

15. 创建新的矩形选区并描边

（1）单击"图层"/"新建"/"图层"（或按快捷键"Ctrl+Shift+N"），弹出"新建图层"对话框，单击"确定"按钮。

（2）单击工具箱中的"矩形选框工具"按钮，在邮票上方绘制一个矩形选区，单击"编辑"菜单中的"描边"命令，弹出"描边"对话框，设置宽度为 1 像素，颜色为白色（R：255、G：255、B：255），单击"确定"按钮。

（3）单击"选择"菜单中的"取消选择"命令（或按快捷键"Ctrl+D"）取消选区，调整文本位置。单击"视图"菜单中的"显示"，取消勾选"网格"，效果如图 1-4-35 所示。

图 1-4-35　矩形选区

16．制作邮票上的文字

（1）单击工具箱中的"横排文字工具"按钮，在邮票对应的位置单击，输入文本"50"，在工具选项栏中设置字体为黑体，字体大小为 22 点，文本颜色为白色，单击"提交所有当前编辑"按钮。

（2）单击工具箱中的"横排文字工具"按钮，在"50"旁边输入"分"，字体大小为 12 点。

（3）单击工具箱中的"直排文字工具"按钮 T，在邮票对应的位置单击，输入文本"中国邮政 CHINA"，在工具选项栏中设置字体为宋体，字体大小为 14 点，文本颜色为白色，单击"提交所有当前编辑"按钮，效果如图 1-4-36 所示。

图 1-4-36　制作邮票文字后的效果

17．调整邮票的位置及大小

通过缩放工具调整邮票的大小，并移到"贴邮票处"的位置，如图 1-4-37 所示。

图 1-4-37 调整邮票的位置及大小

18. 图层分组

在文件中创建了多个图层，为了便于管理，可以对图层进行分组。在图层面板中单击"创建新组"按钮，双击图层分组名称，重命名为"文字组"。按住"Shift"键，单击选中所有的文字图层，将其移到该组下，这样，文字组就包含了邮票上所有的文字图层。

依此类推，图层从高到低的顺序为：文字组、邮票、邮贴、图片叠加图层（临汉门）、邮政编码、收件人邮编、背景，如图 1-4-38 所示。

图 1-4-38 图层顺序

19. 保存图像文件

单击"文件"菜单中的"存储为"命令，在弹出的"另存为"对话框中选择以 JPG 格式保存。完成后退出 Photoshop CC 2015。

注意事项

1. 在绘制邮政编码方格时，也可以使用以下方法：单击"视图"菜单中的"显示"子菜单，单击选择"网格"命令，或按快捷键"Ctrl+'"，即可打开网格。默认的网格是以灰色的直线来显示的，隐藏网格再次操作即可。绘制矩形时，当光标移到网格处时可以对齐网格，使绘制的图形的边缘与网格重合，自动吸附在网格上，方便绘制。单击"视图"菜单中的"对齐到"子菜单，单击选择"网格"命令即可。

2. 魔棒工具是 Photoshop 工具箱中的一种快捷的抠图工具，常用于处理一些边界线比较明显的图像。使用魔棒工具可以快速选取相同的色彩，从而达到将图像快速抠出的目的。

3. 在画布中使用矩形选框工具创建选区时，可以根据系统提示的数值实时调整；需要精确大小及位置时，建议搭配辅助线或网格线绘制选区。

4. 为了更好地管理图层，可以适当地对图层进行分组及锁定。

5. 快捷键"D"用于恢复默认的前景色和背景色，快捷键"X"用于切换前景色和背景色。

6. 如果有多个文字图层且在画面布局上较为接近，为了方便选中要编辑的文字图层进行文字编辑，可以先将其他的文字图层关闭，被隐藏的文字图层是不能被编辑的。

相关知识

一、复制图层的方法

复制图层时，可以使用菜单命令，也可以使用快捷键，常用的方法如下：

（1）单击工具箱中的"移动工具"按钮，选择需要复制的图层，按住快捷键"Ctrl+Alt"拖动图层完成复制。

（2）单击"图层"菜单中的"复制图层"命令，弹出"复制图层"对话框，单击"确定"按钮。

（3）在图层面板中选择需要复制的图层，按住快捷键"Ctrl+J"复制该图层。

（4）在图层面板中用鼠标右键单击需要复制的图层，在弹出的快捷菜单中选择"复制图层"命令，弹出"复制图层"对话框，单击"确定"按钮。

（5）在图层面板中选择需要复制的图层，按住鼠标左键拖动该图层到图层面板中"创建新图层"按钮上松开，即可复制图层。

二、矩形选框工具组

前面学习了套索工具、多边形套索工具和磁性套索工具等不规则选框工具。矩形选框工具组中的工具均为规则选框工具，通常用于创建规则的形状区域。矩形选框工具组包含的工具有"矩形选框工具""椭圆选框工具""单行选框工具"和"单列选框工具"，如图 1-4-39所示。

图 1-4-39　矩形选框工具组

矩形选框工具是一种非常重要的操作工具，在选区建立、填充以及抠图等方面都有非常重要的作用。下面以矩形选框工具为例简要介绍选区的相关操作。

1．调用"矩形选框工具"

在矩形选框工具组中选择"矩形选框工具"，或按快捷键"M"，此时将光标移至画布上，当其呈"+"形状时，按住鼠标左键并沿对角线方向拖曳，即可创建一个矩形选区。拖曳鼠标时，若按住"Shift"键不放，可以创建正方形选区。

2．添加选区、从选区减去和与选区交叉

可以在工具选项栏中选择相关工具特性，再次建立选区。按"Shift"键，添加到选区；按"Alt"键，从选区减去；同时按住"Shift+Alt"键，与选区交叉。

3．修改、扩大选区

单击"选择"菜单，选择"修改"或者"扩大选区"命令；或者先按"Alt+S"键，再按"M"键修改选区，按"G"键扩大选区。此外，还可以进行边界、扩展、平滑、羽化等设置。

4．选区颜色填充

按"Alt+Delete"键可以使用前景色填充，按"Ctrl+Delete"键可以使用背景色填充。也可以使用"编辑"菜单中的"填充"命令或工具箱中的"填充工具"对选区进行前景色、背景色、渐变色或图案填充。

三、文字工具组

为图像添加适当的文字，能烘托整个画面效果，更直观地表达主题，可以提升图像效果。Photoshop中带有多种不同的文字工具，能在图像中指定的位置生成所需的文字效果。

文字工具组包括"横排文字工具""直排文字工具""横排文字蒙版工具"和"直排文字蒙版工具"，如图1-4-40所示。

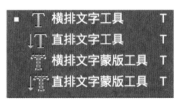

图1-4-40　文字工具组

下面以横排文字工具为例介绍文字工具的使用方法。单击工具箱中的"横排文字工具"按钮，在画面中单击，在出现输入光标后，可输入文字，即创建横排文字。在输入过程中按"回车"键可换行，若要结束输入，可按"Ctrl+回车"键。Photoshop将文字以独立图层的形式存放，输入文字后将会自动创建一个文字图层，图层名称就是文字的内容。

文字图层具有和普通图层一样的性质，如图层混合模式、不透明度等，也可以使用图层样式。如果要更改已输入文字的内容，选择相应的文字工具，将光标停留在文字上方，当其变为"I"时，单击即可进入文字编辑状态。

文字工具选项栏如图 1-4-41 所示，在该选项栏中可以通过设置各项参数来对文字工具进行精确的控制。

图 1-4-41　文字工具选项栏

1. 文本方向

单击该功能按钮可以将文字排列方向在水平和垂直两个方向之间进行切换。

2. 字体

在下拉列表框中选择需要的字体，不同的字体可以呈现不同的风格。Photoshop 使用操作系统带有的字体，因此，对操作系统字库进行增减会影响 Photoshop 能够使用到的字体。

3. 字体样式

字体样式有 Regular（标准）、Italic（倾斜）、Bold（加粗）、Bold Italic（加粗并倾斜）4 种，可以为同在一个文字图层中的每个字符单独指定字体样式。

4. 字号

字号列表中有常用的几种字号，也可以通过手动自行设定字号。字号的单位有"像素""点""毫米"，在 Photoshop "编辑"菜单"首选项"子菜单的"单位与标尺"中可更改单位。如果是网页设计，应该使用"像素"作为单位；如果是印刷品设计，则应该使用"毫米"作为单位。

5. 消除锯齿方式

系统提供了 7 种控制文字边缘的方式，即"无""锐利""犀利""浑厚""平滑""Windows LCD""Windows"。一般对于字号较大的文字，开启该选项以得到光滑的边缘，使文字看起来较为柔和。该选项只能针对文字图层整体进行编辑。

6. 对齐方式

对齐方式有左对齐、居中对齐和右对齐，可以为同一文字图层中的不同行指定不同的对齐方式。

7. 文本颜色

文本颜色用于设置文字的颜色，可以针对单个字符。单击颜色块，打开"拾色器（文本颜色）"对话框，在对话框中可以设置当前文字的颜色。

8. 文字变形

使用该功能可以打开"变形文字"对话框，通过选择变形的样式及设置相应的参数，可以使文字产生变形效果。文字变形选项只针对整个文字图层，不能单独针对某些文字。如果要制作多种文字变形混合效果，可以通过将文字依次输入不同的文字图层，然后分别设定变形的方法来实现。

9. 字符和段落面板

使用该功能可以在字符和段落面板之间进行切换。

四、标尺、网格和参考线

标尺、网格和参考线是 Photoshop 中的辅助工具，其作用是用来对图像进行准确的编辑，例如，使用网格或参考线，可以让绘制的图形更加整齐或者使其排放的位置准确。

1. 标尺

标尺主要用于精确定位图像或元素，默认情况下，标尺是显示在画面左边和上边的一系列刻度。

单击"视图"菜单中的"标尺"命令，勾选"标尺"后，画面显示标尺。按快捷键"Ctrl+R"可以快速选择或隐藏标尺。

2. 网格

网格是显示在画面中的规则方形格子，使用网格可以方便地从不同视角观察图像是否存在偏差。单击"视图"菜单中的"显示"，勾选"网格"，或按快捷键"Ctrl+'"显示或隐藏网格线。

单击"视图"/"对齐到"/"参考线"或"网格"，在有参考线或网格的画面中，用鼠标拖曳选区或图像元素时，其会自动吸附到最近的网格或参考线上，从而较准确地定位图像的位置。

3. 参考线

参考线是显示在画面中的蓝色直线，这些直线是不会被打印出来的。将光标放在标尺上，直接按住鼠标左键不放，向下或向右拖出一条水平或垂直的参考线，松开鼠标左键，可创建和移动参考线，从而快速对图像进行精确定位。单击"视图"菜单中的"锁定参考线"命令，使参考线不会因拖曳而引起误差。如需要精准定位，可单击"视图"菜单中的"新建参考线"命令。

五、任务自动化

任务自动化是 Photoshop 中的一项智能操作，包含两大类，一类是动作，一类是批处理。动作是指在单个文件或一批文件中执行一系列任务，如本任务中邮票锯齿边的制作过程。批处理用于将一个或多个图像文件以某种设定的规律进行变换，从而生成特殊效果的图像。

动作面板如图 1-4-42 所示。

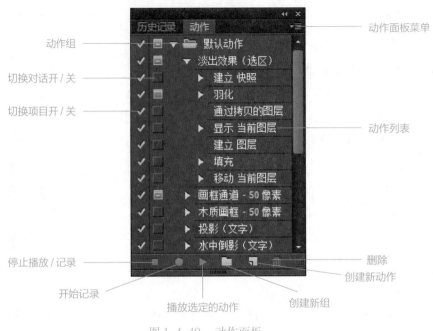

图 1-4-42　动作面板

1. 动作面板菜单

单击动作面板右上角的扩展按钮，可以打开动作面板菜单。在菜单中可以设置动作面板的显示模式，以及对动作执行复位、载入、存储等基本操作。

2. 动作组

一个动作组可以包含多个动作，双击动作组可以更改动作组的名称。

3. 切换对话开 / 关

单击此按钮可以切换此动作中所有对话框的状态。

4. 切换项目开 / 关

单击此按钮可以切换此动作中所有命令的状态。

5. 动作列表

动作列表显示了一个动作组中所包含的一系列动作。

6. 动作面板按钮

（1）停止播放 / 记录：单击"停止播放 / 记录"按钮，可以停止当前的记录状态。

（2）开始记录：单击"开始记录"按钮，可以记录从当前开始的所有操作步骤。

（3）播放选定的动作：当需要对图像执行某项动作时，选定该动作后，单击"播放选定的动作"按钮即可。

（4）创建新组：单击"创建新组"按钮，可以创建一个动作组。

（5）创建新动作：单击"创建新动作"按钮，可以创建一个动作。

（6）删除：单击"删除"按钮，可以删除一个动作。

思考练习

一、操作题

使用如图 1-4-43 所示素材，制作如图 1-4-44 所示的明信片。

提示：我国标准邮资明信片的尺寸统一为 148 厘米 × 100 厘米，制作时周边一般留 2 厘米出血，即制作尺寸为 152 厘米 × 104 厘米。为了保证印刷质量，制作时分辨率要求至少为 300 dpi，颜色模式为 CMYK。

a)　　　　　　　　　　　　　　　　b)

图 1-4-43　素材

a) 素材 1　b) 素材 2

图 1-4-44　明信片

二、简答题

1. 磁性套索工具与魔棒工具有哪些区别？

2. 参考线如何使用？

3. 什么情况下使用动作面板？

4. 复制图层有哪些方法？

5. 矩形选框工具组中有哪些工具？各有什么特点？

项目二　图像绘制

任务 1　绘制深秋枫叶风景图

学习目标

- 掌握颜色的设置方法。
- 掌握利用画笔工具绘制图像的方法。
- 能正确选择笔刷样式。
- 掌握设置画笔属性的方法。
- 了解颜色替换工具的使用方法。

任务分析

Photoshop 中提供了强大的图像绘制与修饰功能，使用画笔、铅笔等多种图像绘制工具，可以绘制丰富且有创意的图像。

古人云："停车坐爱枫林晚，霜叶红于二月花。"本任务要求利用如图 2-1-1 所示的草地枯枝素材，使用画笔工具绘制红色枫叶及枯黄的草地，完成一幅深秋的自然美景图，效果如图 2-1-2 所示。本任务的学习重点是画笔工具的使用与设置。

图 2-1-1　草地枯枝

图 2-1-2　深秋枫叶效果

1. 运行 Photoshop 软件

单击"开始"菜单，选择"所有程序"项"Adobe"菜单中的"Adobe Photoshop CC 2015"，或者双击桌面上的应用程序图标，启动 Photoshop CC 2015。

2. 打开素材图像文件

单击"文件"菜单中的"打开"命令，弹出"打开"对话框，选中素材"草地枯枝.jpg"，单击"打开"按钮即可，如图 2-1-3 所示。

图 2-1-3　打开"草地枯枝"文件

3. 设置前景色和背景色

（1）单击工具箱中的"设置前景色"按钮，弹出"拾色器（前景色）"对话框，设置前景色为红色（R：255、G：0、B：0），如图 2-1-4 所示。单击"确定"按钮，关闭对话框。

（2）单击工具箱中的"设置背景色"按钮，弹出"拾色器（背景色）"对话框，设置背景色为橙色（R：223、G：150、B：0），如图 2-1-5 所示。单击"确定"按钮，关闭对话框。

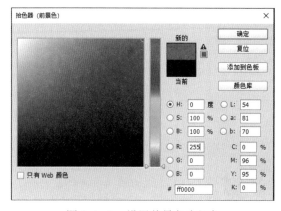 

图 2-1-4　设置前景色为红色　　　　图 2-1-5　设置背景色为橙色

4. 选取笔刷样式并设置模式

单击工具箱中的"画笔工具"按钮，单击工具选项栏中的"画笔预设"选取器按钮，在"画笔预设"选取器面板中选取"散布枫叶"笔刷样式，设置模式为"正常"，如图 2-1-6 所示。

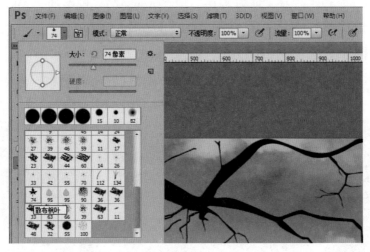

图 2-1-6 选取笔刷样式并设置模式 1

5. 设置画笔属性

单击画笔工具选项栏中的"切换画笔面板"按钮，打开画笔面板（或单击"窗口"菜单，选择"画笔"，打开画笔面板），设置画笔参数。

（1）单击"画笔笔尖形状"选项，设置间距为 25%，如图 2-1-7 所示。

（2）单击"形状动态"选项，设置大小抖动为 100%。

（3）单击"散布"选项，设置散布数值为 450%，数量为 1，数量抖动为 98%。

（4）单击"颜色动态"选项，设置前景 / 背景抖动为 50%，色相抖动为 23%。

以上 3 个属性的设置如图 2-1-8 所示。

图 2-1-7 设置间距

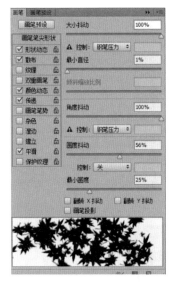

图 2-1-8　设置形状动态、散布和颜色动态

6．绘制枫叶

（1）单击"图层"/"新建"/"图层"，弹出"新建图层"对话框，修改名称为"枫叶"，如图 2-1-9 所示，单击"确定"按钮。

图 2-1-9　新建"枫叶"图层

（2）在打开的素材图像的枝干部位按住鼠标左键拖动绘制枫叶，如图 2-1-10 所示。

图 2-1-10　绘制枫叶

7. 设置草地前景色和背景色

（1）单击工具箱中的"设置前景色"按钮，弹出"拾色器（前景色）"对话框，设置参数为 R：197、G：132、B：0 后，单击"确定"按钮。

（2）单击工具箱中的"设置背景色"按钮，弹出"拾色器（背景色）"对话框，设置参数为 R：250、G：191、B：73 后，单击"确定"按钮。

8. 绘制深秋的草地

（1）单击工具箱中的"画笔工具"按钮，单击工具选项栏中的"画笔预设"选取器按钮，在"画笔预设"选取器面板中选取"圆形"笔刷样式，大小为 125 像素，硬度为 0%，设置模式为"正常"，如图 2-1-11 所示。

图 2-1-11　选取笔刷样式并设置模式 2

（2）单击背景图层，在打开的图像窗口底部按住鼠标左键从左向右拖动绘制图像，直至将绿色草地全部涂抹，如图 2-1-12 所示。

图 2-1-12　绘制深秋的草地

9. 设置画笔属性，绘制小草

（1）单击"图层"/"新建"/"图层"，弹出"新建图层"对话框，修改名称为"小草"，单击"确定"按钮，将该图层放置于背景图层和枫叶图层之间。

（2）单击画笔工具选项栏中的"画笔预设"选取器按钮，在"画笔预设"选取器面板中选取"沙丘草"笔刷样式，设置模式为"正常"，如图 2-1-13 所示。

图 2-1-13　选取笔刷样式并设置模式 3

（3）单击"切换画笔面板"按钮，打开画笔面板，设置笔刷散布参数，如图 2-1-14 所示。

（4）按"X"键切换前景色和背景色。

（5）在图像底部按住鼠标左键从左向右拖动绘制小草。至此，整幅图像绘制完成，效果如图 2-1-12 所示。

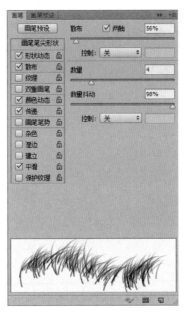

图 2-1-14　设置笔刷散布参数

10．保存图像文件

单击"文件"菜单中的"存储为"命令，在弹出的"另存为"对话框中选择以 PSD 格式保存，文件名为"深秋枫叶"。完成后退出 Photoshop CC 2015。

注意事项

1. 在绘画时要设置前景色与背景色。前景色决定了使用绘画工具绘制的颜色以及使用文字工具创建文字时的颜色，背景色则决定了使用橡皮擦擦除区域所呈现的颜色。

2. 画笔工具绘制的线条比较柔和；铅笔工具可以仿照真实铅笔的绘画效果，由于铅笔工具是硬角，绘制的线条边缘清晰，一般用于绘制具有手绘效果的图形以及勾线框。

3. 笔刷管理。如果在"画笔预设"选取器面板中没有找到"散布枫叶"和"沙丘草"笔刷样式，可用以下的方法将画笔复位：单击"画笔预设"选取器面板右上角的 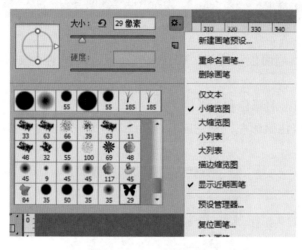，在弹出的快捷菜单中选择"复位画笔"，如图 2-1-15 所示。

图 2-1-15　复位画笔

相关知识

一、颜色的设置

颜色的设置方法主要有以下几种：

1. 拾色器

单击工具箱中的"设置前景色"或"设置背景色"按钮都可以打开拾色器对话框。在对话框中，可以基于 HSB（色相、饱和度、亮度）、RGB（红色、绿色、蓝色）、Lab[亮度、a 分量（绿色 - 红色轴）、b 分量（蓝色 - 黄色轴）]、CMYK（青色、洋红、黄色、黑色）4 种颜色模型指定颜色，也可以根据 RGB 各分量的十六进制值来指定颜色。

2. 吸管工具

吸管工具可以从当前图像上进行取样，单击取样点，则将取样点的颜色设置为前景色；按住"Alt"键单击取样点，则将取样点的颜色设置为背景色。

3. 颜色面板

当需要设置前景色时，单击颜色面板中的"设置前景色"按钮，再拖动滑块或者在数值框中输入具体数值来设置颜色，也可以在底部的条形色谱上单击选择颜色，如图 2-1-16 所示。单击面板右上角的"扩展"按钮 ▾▤ ，在弹出的"扩展"菜单中可以选择不同的色彩模式和色谱，如图 2-1-17 所示。

4. 色板面板

色板面板中的颜色都是系统预设好的，可以直接选用，如图 2-1-18 所示。

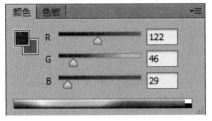

图 2-1-16　颜色面板

图 2-1-18　色板面板

图 2-1-17　"扩展"菜单

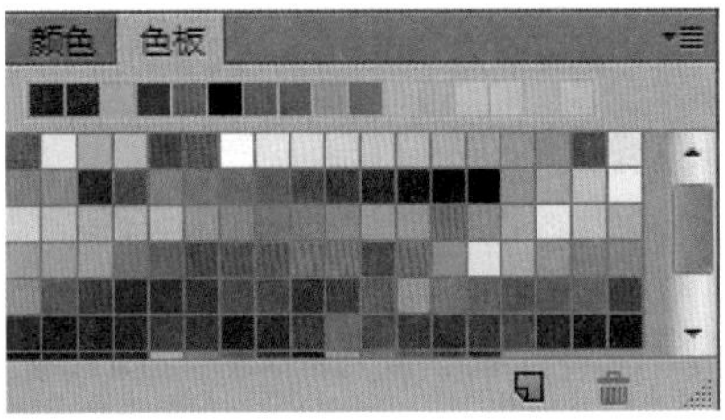

二、画笔工具

画笔又称笔刷，是绘制图像的基本工具，既可以使用画笔工具在空白图层中绘画，也可以用其对已有的图像进行修饰。在使用画笔工具时，必须在工具选项栏中选定一种画笔，才可以绘制图像。"画笔工具"选项栏如图 2-1-19 所示，包括笔刷样式、画笔大小和模式等。

图 2-1-19　"画笔工具"选项栏

"画笔预设"选取器按钮 ▦ ：单击打开"画笔预设"选取器面板，在该面板中可选择笔刷样式，设置笔刷角度和圆度、大小和硬度。

模式：设置画笔颜色与原像素的混合模式。

不透明度：用于设置不透明度，数值越小，透明度越高。

流量：在涂抹时如果按住鼠标左键不放，颜色将根据流量速率增加。

在操作过程中，也可以使用快捷键调整画笔大小和硬度，具体如下：

（1）按"["和"]"键可以快速调整画笔的大小，按"["键将画笔直径调小，按"]"键将画笔直径调大。

（2）按"Shift+["键调小画笔硬度，按"Shift+]"键调大画笔硬度。

Photoshop 画笔工具组中的"铅笔工具" ✏ 可以仿照真实铅笔的绘画效果。"铅笔工具"选项栏中的"自动涂抹"选项是其特有的功能，勾选此选项后，在与前景色相同颜色的区域内绘画时，铅笔会自动擦除图像中与前景色相同的颜色而显示背景色。

三、自定义笔刷样式

笔刷样式的应用非常广泛，除了软件提供的笔刷样式外，还可以通过自定义笔刷样式绘制出更具特色的图形效果。如果要将图像的某部分定义为笔刷样式，其方法如下：

1. 打开素材"奔马 .jpg"，用套索工具选择图像"马"，如图 2-1-20 所示。

图 2-1-20　用套索工具选择图像"马"

2. 单击"编辑"菜单中的"定义画笔预设"命令，弹出"画笔名称"对话框，输入名称"奔马"，单击"确定"按钮，即可将该图形设置为笔刷样式，如图 2-1-21 所示。

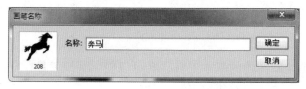

图 2-1-21　设置"奔马"笔刷样式

3. 单击工具箱中的"画笔工具"按钮，单击工具选项栏中的"画笔预设"选取器按钮，从"画笔预设"选取器面板中可以看到自定义的笔刷样式，如图 2-1-22 所示。

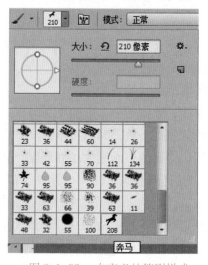

图 2-1-22　自定义的笔刷样式

四、颜色替换工具

画笔工具组中的"颜色替换工具"可以用来处理需要调整局部颜色的图片，而保留原有图片的整体风格。

1. 打开素材"人物.jpg"，如图 2-1-23 所示。

图 2-1-23　人物素材

2. 设置前景色为红色（R：255、G：0、B：0），在工具箱中单击"颜色替换工具"按钮，在工具选项栏中调整画笔的大小，设置模式为"颜色"，如图 2-1-24 所示。

模式：颜色　限制：连续　容差：30%　✔消除锯齿

图 2-1-24　"颜色替换工具"选项栏设置

3. 设置好属性后，用"颜色替换工具"在人物衣服上进行涂抹，使人物衣服变为红色，效果如图 2-1-25 所示。

图 2-1-25　使用"颜色替换工具"后的效果

思考练习

一、操作题

使用如图 2-1-26 所示蓝天素材绘制美丽草原，如图 2-1-27 所示。

图 2-1-26　蓝天　　　　　　　　　图 2-1-27　美丽草原

二、简答题

1. 如何将画笔工具复位?

2. 设置颜色有哪几种方法?

3. 如何自定义笔刷样式?

4. 颜色替换工具的主要作用是什么?

任务 2　绘制文明行车宣传画

学习目标

- 掌握渐变工具的使用方法。
- 能用自定形状工具添加图形。
- 能用钢笔工具绘制路径。
- 掌握将路径转换为选区的方法。

任务分析

随着社会经济的持续、快速发展，交通流量迅速增长，汽车已经成为家庭必备的交通工具。为了构建一个有序的交通环境，所有驾驶员在行车中都必须严格遵守法律、法规，始终坚持文明驾驶、礼让行车。

本任务要求制作一幅以"带文明上路　携安全回家"为主题的文明行车宣传画，如图2-2-1所示。文明行车宣传画中使用自定形状工具绘制公路风景及红绿灯，使用钢笔工具绘制公路形状，使用文字工具制作宣传标语牌。本任务的学习重点是自定形状工具和钢笔工具的使用。

图2-2-1　文明行车宣传画

1．新建图像文件

单击"文件"菜单中的"新建"命令，弹出"新建"对话框，如图 2-2-2 所示。命名为"文明行车"，设置宽度为 800 像素，高度为 1 100 像素，分辨率为 72 像素 / 英寸，颜色模式为 RGB 颜色、8 位，背景内容为白色。设置好参数后，单击"确定"按钮。单击"文件"菜单中的"存储为"命令，将其保存为"文明行车 .psd"文件。

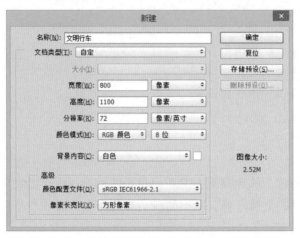

图 2-2-2　"新建"对话框

2．给背景绘制渐变效果

（1）设置前景色为浅绿色（R：10、G：200、B：100）、背景色为浅蓝色（R：120、G：210、B：255）。单击"渐变工具"按钮 ，在工具选项栏中选择"线性渐变"，弹出"渐变编辑器"对话框，如图 2-2-3 所示，选择前景色到背景色渐变，拉一个从左下角到右上角的线性渐变，为背景图层填充渐变色，如图 2-2-4 所示。

图 2-2-3　"渐变编辑器"对话框

图 2-2-4　渐变效果

（2）单击"滤镜"/"模糊"/"高斯模糊"，在弹出的"高斯模糊"对话框中设置半径为300像素，如图2-2-5所示。单击"确定"按钮，效果如图2-2-6所示。

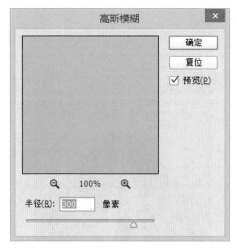 

图2-2-5　高斯模糊参数设置　　　　　图2-2-6　高斯模糊效果

3. 用钢笔工具绘制公路

（1）单击"视图"/"标尺"，或利用快捷键"Ctrl+R"调出标尺，调出两条参考线并找到背景图层的中心。新建图层，更名为"公路"，单击"钢笔工具"按钮，在"路径"模式下绘制公路中间的部分。首先确定公路的起始锚点，单击确定下一个锚点的位置，两点之间的连线就是路径，如图2-2-7所示。

（2）单击鼠标右键，在弹出的快捷菜单中选择"建立选区"，将路径转换为选区，并将选区填充为黄色（R：255、G：255、B：0），如图2-2-8所示。填充完成后，按"Ctrl+D"键取消选区。

图2-2-7　绘制公路中间的部分　　　　图2-2-8　将选区填充为黄色

（3）用同样的方法绘制公路中间的黑色部分，填充为黑色（R：41、G：56、B：53），效果如图 2-2-9 所示。用同样的方法绘制公路旁边的黑色部分并填充颜色，如图 2-2-10 所示。

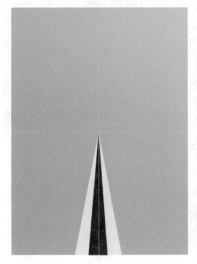 

图 2-2-9　将公路中间填充为黑色　图 2-2-10　绘制公路旁边的黑色部分并填充颜色

4. 绘制自定形状

（1）绘制云朵和太阳

在工具箱中的"形状工具"按钮上长按鼠标左键，选择"自定形状工具"，如图 2-2-11 所示。

图 2-2-11　自定形状工具

在"自定形状工具"选项栏的"形状"中找到云朵和太阳的形状，如图 2-2-12 所示。若在形状分类中没有找到云朵和太阳的形状，则需要在"扩展"菜单中单击"自然"命令，追加自然形状的分类进入待选区，如图 2-2-13 所示。

图 2-2-12　"自定形状工具"选项栏

图 2-2-13 追加自然形状的分类进入待选区

追加完形状后，选择"云彩 1"形状，设置自定形状工具的属性：填充颜色为色板中的白色，不描边。按住鼠标左键拖动，绘制出三朵大小不一的云。将创建的三个形状图层合并，并栅格化图层，修改图层名称为"云朵"。双击"云朵"图层，打开"图层样式"对话框，为图层添加投影，参数设置如图 2-2-14 所示。

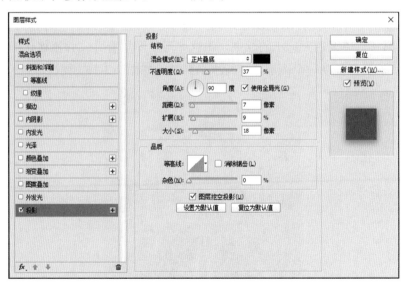

图 2-2-14 投影参数设置

在形状图案中找到"太阳2"的形状,设置自定形状工具的属性:填充颜色为色板中的"RGB 黄",颜色为黄色,不描边。按住鼠标左键拖动绘制出一个太阳,并栅格化图层,修改图层名称为"太阳"。复制"云朵"图层样式到"太阳"图层。太阳、云朵投影效果如图 2-2-15 所示。

图 2-2-15　太阳、云朵投影效果

（2）绘制树

保持选中"自定形状工具",在形状图案中找到树的形状,设置自定形状工具的属性:填充颜色为色板中的"深绿",颜色设置为 R:0、G:146、B:52,不描边。按住鼠标左键拖动绘制树的形状,遵循近大远小的原则。将这些形状图层合并,并栅格化图层,修改图层名称为"树"。然后再复制一个图层,进行水平翻转,如图 2-2-16 所示。

图 2-2-16　绘制树

5. 绘制红绿灯

单击工具箱中的"矩形工具"按钮，绘制一个长方形，填充为黑色。然后单击"椭圆工具"按钮，调整其参数，同时按住"Shift"键不放绘制三个圆形（正圆），分别填充红色、黄色和绿色。右击选择"栅格化图层"，依次将 3 个圆形栅格化后合并图层，修改图层名称为"红绿灯"。双击"红绿灯"图层，打开"图层样式"对话框，分别添加"斜面和浮雕""内发光"两种图层样式，其参数设置可参考图 2-2-17，单击"确定"按钮，效果如图 2-2-18 所示。

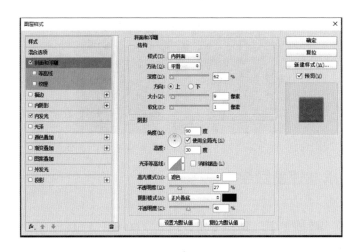

a)

b)

图 2-2-17　添加图层样式

a)"斜面和浮雕"参数设置　b)"内发光"参数设置

图 2-2-18　"红绿灯"图层样式效果

6. 添加公路限制速度数字

（1）输入数字

单击工具箱中的"横排文字工具"按钮，输入"60 60"（60 与 60 之间的空格根据图片尺寸自定），字体选择"Impact Regular"，字号为 80，颜色为黄色（R：255，G：255，B：0），将文字放在公路双黄线两侧，如图 2-2-19 所示。

（2）调整数字的位置及大小

按"Ctrl+T"键进入自由变换状态，在变换控件的顶点处按住鼠标左键，将数字放大，并移到合适的位置，按"回车"键结束，如图 2-2-20 所示。

图 2-2-19　添加公路限制速度数字　　图 2-2-20　调整数字的位置及大小

（3）将数字转为图像

选中数字图层，单击鼠标右键，在弹出的快捷菜单中选择"栅格化文字"（图2-2-21），此时数字就从矢量图形转换为位图图像。因为大多数自由变换效果无法对文字（数字也属于文字）使用，所以必须将其转换为图像。一旦对文字进行栅格化后，将无法再对其进行设定，务必在文字设定完成后再栅格化。

图 2-2-21　栅格化文字

（4）设置透视效果

按"Ctrl+T"键进入自由变换状态。单击鼠标右键，在弹出的快捷菜单中选择"透视"，在文字右上方顶点处按住鼠标左键向内拖动，按"回车"键完成透视制作，最后调整其大小和位置，如图 2-2-22 所示。

图 2-2-22　设置透视效果

7. 绘制交通标志牌

单击工具箱中的"多边形工具"按钮，可以绘制出所需的正多边形。在"多边形工具"选项栏设置边数为 3，填充颜色为 R：253、G：219、B：0，无描边，如图 2-2-23 所示，绘制一个外三角形，绘制时光标的起点为三角形的中心，终点为三角形的一个顶点。保持选择"多边形工具"，按照上述步骤设置无填充，描边为黑色（R：0、G：0、B：0），描边宽度为2 点，如图 2-2-24 所示，绘制一个内三角形。单击"横排文字工具"按钮，在三角形中输入文本"慢"，在工具选项栏中设置文本字体为黑体，颜色为黑色，效果如图 2-2-25 所示。

图 2-2-23 "多边形工具"选项栏设置（外三角形）

图 2-2-24 "多边形工具"选项栏设置（内三角形）

图 2-2-25 绘制交通标志牌效果

8. 绘制禁止标识和汽车

单击"自定形状工具"按钮，在"自定形状工具"选项栏的"形状"中找到禁止标识和汽车 2 的形状（汽车 2 形状需要找到"符号"类，追加符号形状的分类进入待选区），设置自定形状工具的属性：填充颜色为红色（R：255、G：0、B：0），描边为白色（R：255、G：255、B：255），描边宽度为 3 点，绘制禁止标识；填充颜色为橙色（R：239、G：145、B：73），描边为白色（R：255、G：255、B：255），描边宽度为 3 点，绘制汽车，如图 2-2-26所示。

图 2-2-26 绘制禁止标识和汽车

9．输入宣传文字

（1）单击工具箱中的"直排文字工具"按钮，输入"带文明上路 携安全回家"，在工具选项栏中设置字体为方正粗宋，字号为 80 点，颜色为红色（R：255、G：0、B：0），"带"和"携"字样单独填充为黄色（R：252、G：219、B：0），消除锯齿方式为"锐利"。

（2）双击文字图层，给图层添加"描边"和"投影"两种图层样式，参数设置如图 2-2-27 所示，单击"确定"按钮，效果如图 2-2-28 所示。

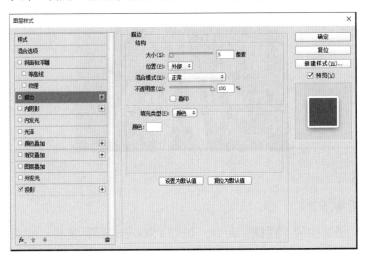

a）

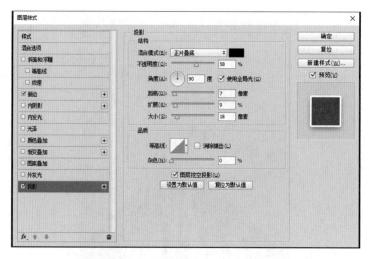

b)

图 2-2-27　添加图层样式

a)"描边"参数设置　　b)"投影"参数设置

图 2-2-28　宣传文字效果

10. 保存图像文件

单击"文件"菜单中的"存储"命令，仍以 PSD 格式保存文件。完成后退出 Photoshop CC 2015。

注意事项

1. 在使用形状工具时，每次拖动鼠标创建形状，都会弹出该形状的属性面板，在属性面板中可以分别调整形状的长、宽、高和位置、颜色等属性。

2. 形状图层和文字图层只有进行栅格化处理以后，才能对图形的大小、颜色进行编辑。

3. 路径可以使用钢笔工具绘制，也可以由选区转换而来。当在图像处理中需要绘制一些特定的形状或选区时，只有使用路径来制作精确的形状。

4. 若路径不是闭合状态，进行填色时会将起点和终点视为用直线连接起来的。

5. 单击路径面板上的"从选区生成工作路径"按钮，可以将选区转换为路径。

相关知识

一、渐变工具

使用渐变工具给图像填充渐变色的方法如下：

1. 选中需要填充渐变色的图层或者选区。

2. 选择"渐变工具"（图 2-2-29），在"渐变工具"选项栏中设置渐变参数、编辑渐变色和选择渐变的类型。

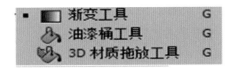

图 2-2-29　渐变工具

3. 将光标移到图像中，按住鼠标左键拖动完成填充。

"渐变工具"选项栏如图 2-2-30 所示，渐变类型有线性渐变、径向渐变、角度渐变、对称渐变、菱形渐变五种。

图 2-2-30　"渐变工具"选项栏

如果需要修改渐变样式，可以打开"渐变编辑器"对话框，选择预设的样式，也可以编辑修改当前的样式。色标可以进行颜色设置，一般情况下，左端是黑色，右端是透明，中间为过程色。若需要在色带中间添加色标，只需将光标移到需要添加色标处的色带边缘，当光标变为小手形状时，单击即可。

二、认识路径

选区是 Photoshop 中的一个重要概念，而路径是形成选区的基础。路径是 Photoshop CC 2015 矢量设计功能的充分体现，是由一系列锚点控制的矢量直线或曲线，具有矢量的特点。因为路径是由线条构成的，所以其可以无损缩放。而路径也比较灵活，可以随意地修改和调整。

路径是可以建立为选区或使用色彩填充和描边的轮廓，有开放路径和闭合路径等。钢笔工具和形状工具绘制出来的就是路径，可以自由发挥，随意绘制。形状工具可以绘制日常生活中常见的图形。

三、用钢笔工具绘制直线路径

钢笔工具是一种重要的绘图工具，它既可以用来绘制图像，又可以用来快速抠图。钢笔工具组（图 2-2-31）包含钢笔工具、自由钢笔工具、添加锚点工具、删除锚点工具和转换点工具，钢笔工具用于在普通状态下新建路径，自由钢笔工具可以将绘制的线段直接变成路径，再辅以转换点工具调整线条弧度。使用添加锚点工具和删除锚点工具可以在建好的路径上增减锚点。

图 2-2-31　钢笔工具组

利用钢笔工具绘制路径，两个锚点之间的连线就是路径。单击"钢笔工具"按钮，在工具选项栏中设置模式为"路径"，如图 2-2-32 所示。在图像区中单击确定路径的起点，将光标移到要建立第二个锚点的位置上单击，即绘制了连接第二个锚点与起点之间的直线段，如图 2-2-33 所示。

线段起点的锚点是空心的，表示该锚点是未选中状态；线段终点的锚点是实心的，表示该锚点是被编辑状态。这两个锚点都没有调整柄，称作直线锚点。选中锚点并按住鼠标左键不放，可以利用控制句柄调整路径的方向和形状，按住"Ctrl"键可以调整控制句柄的长短和方向。

图 2-2-32　"钢笔工具"选项栏设置

图 2-2-33　用钢笔工具绘制的直线段

四、形状工具组

除了使用钢笔工具组绘制形状外，还可以使用形状工具组绘制特定的形状。

在 Photoshop CC 2015 中的形状工具组包括矩形工具、圆角矩形工具、椭圆工具、多边形工具、直线工具和自定形状工具，如图 2-2-34 所示。此外，还可以使用自定形状工具中的图形进行绘画，Photoshop CC 2015 中内置了丰富的矢量图形供用户选择。选择"自定形状工具"，在工具选项栏中单击"形状"选项右侧的下三角形按钮展开形状面板，选择所需形状即可。

图 2-2-34　形状工具组

1. 绘制模式

"自定形状工具"选项栏和"钢笔工具"选项栏一样，都有形状、路径和像素三种模式，如图 2-2-35 所示。

图 2-2-35　"自定形状工具"选项栏

（1）形状模式

形状模式是最常用的模式，它的属性较多，是在独立的图层中创建形状图层。在工具选项栏中可以调整绘制形状的填充颜色（有纯色、渐变、图案三种），也可以单击右边的色谱块来选择任意颜色。对于描边的样式调整，首先对描边的像素粗细进行调整，可以任意输入参数进行调整。描边有一个隐藏功能，即虚线的编辑功能，虚线有圆点虚线和长方形虚线两种系统预设好的线型，另外可以单击更多选项，自定义更多线型。

形状工具的布尔运算总共有 4 个布尔运算状态、1 个新建图层、1 个合并形状组件 6 个选项。新建图层就是直接绘制形状并另外新建一个图层；合并形状组件是把所有同一个图层中经过运算的形状合并成新的路径形状；布尔运算状态中的合并是指相加，减去顶层是指利用顶层形状减去下方形状，与形状区域相交是指显示两个形状重叠的区域，排队重叠形状是指重叠区域为空。

（2）路径模式

路径模式仅绘制路径，无颜色填充。其用法基本和形状模式一致，唯一不同的是，路径模式绘制出来的路径没有图层，只能在路径面板中查看到。

（3）像素模式

像素模式只能在像素图层或蒙版上、通道中才可以操作。像素模式绘制的是用前景色填充的图形，没有路径。

2. 自定形状工具

自定形状工具可以绘制出所需的自定形状。绘制时光标的起点为自定形状的中心，终点为自定形状的一个顶点，工具选项栏如图 2-2-35 所示。

单击"形状"选项右侧的下三角形按钮，在形状库中选择相应的形状进行绘制，如图 2-2-36 所示。

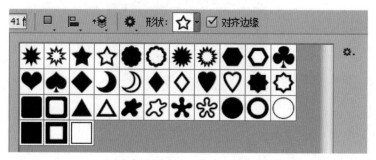

图 2-2-36　形状库

如果自定形状不全，单击形状面板右上方的"扩展"按钮，在弹出的快捷菜单中勾选"全部"，即可显示全部的形状，如图 2-2-37 所示。

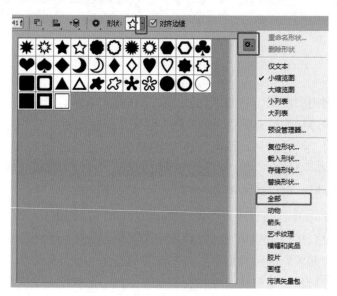

图 2-2-37　显示全部的形状操作

3. 多边形工具

多边形工具可以绘制出所需的正多边形。绘制时光标的起点为多边形的中心，终点为多边形的一个顶点，"多边形工具"选项栏如图 2-2-38 所示，可以在工具选项栏中设置边的条数，用于绘制正多边形。

图 2-2-38　"多边形工具"选项栏

思考练习

一、操作题

使用钢笔工具和自定形状工具绘制海底世界，如图 2-2-39 所示。

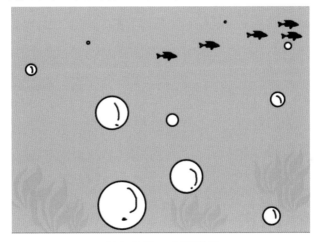

图 2-2-39 海底世界

二、简答题

1. 在自定形状工具中，如何添加没有显示的形状分类？

2. 使用自定形状工具绘图时，需要注意哪些属性的调整？

3. 为什么文字图层要进行栅格化图层操作？

4. 如何使用钢笔工具绘制直线路径？

任务3 绘制环保宣传画

学习目标

- 能用钢笔工具绘制曲线路径。
- 掌握修改路径的方法。
- 掌握描边路径时画笔工具的描边应用。
- 掌握添加、删除与转换锚点的方法。
- 了解自由钢笔工具的使用方法。

任务分析

党的十九大报告中指出："坚持人与自然和谐共生。建设生态文明是中华民族永续发展的千年大计。必须树立和践行绿水青山就是金山银山的理念，坚持节约资源和保护环境的基本国策，像对待生命一样对待生态环境……"

为了深入开展文明教育，倡导文明、健康的思想观念和绿色的生活方式，学校拟举办以"绿水青山就是金山银山"为主题的宣传活动，要求为活动绘制一张环保宣传海报，如图2-3-1所示。本任务主要运用路径功能进行图形绘制。本任务的学习重点是使用钢笔工具绘制曲线路径及修改路径的方法。

图2-3-1 环保宣传海报

1. 新建图像文件

单击"文件"菜单中的"新建"命令，弹出"新建"对话框，设置参数如下：名称为"绿水青山"，宽度为 210 毫米，高度为 297 毫米，分辨率为 100 像素 / 英寸，颜色模式为 RGB 颜色、8 位，背景内容为白色，如图 2-3-2 所示。设置完成后，单击"确定"按钮。单击"文件"菜单中的"存储为"命令，将其保存为"环保宣传海报 .psd"文件。

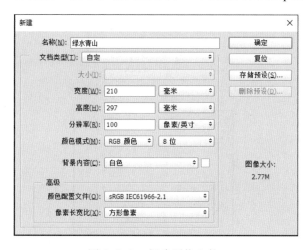

图 2-3-2　新建图像文件

2. 绘制宣传海报渐变背景

单击工具箱中的"渐变工具"按钮，在工具选项栏中选择"线性渐变"，在"渐变编辑器"中设置渐变颜色为浅紫色（R：245、G：215、B：255）、白色（R：255、G：255、B：255）、浅蓝色（R：171、G：205、B：255），如图 2-3-3、图 2-3-4 所示。设置完成后，按住鼠标左键从画布左上角向右下角拖动，渐变填充背景即可，如图 2-3-5 所示。

图 2-3-3　"渐变编辑器"对话框

  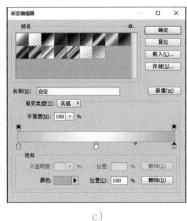

a)   b)   c)

图 2-3-4　单击色标设置渐变颜色

a）浅紫色　b）白色　c）浅蓝色

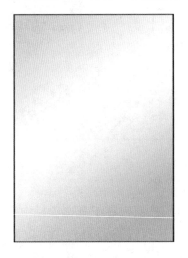

图 2-3-5　渐变填充背景

3. 绘制青山

（1）新建图层"青山"，在工具箱中单击"钢笔工具"按钮，在工具选项栏中设置模式为"路径"，绘制青山1。单击确定青山1起始锚点，再单击确定下一个锚点，两点之间的连线就是路径，依次单击绘制青山1轮廓路径，如图2-3-6所示。

（2）单击鼠标右键，在弹出的快捷菜单中选择"建立选区"，将路径转换为选区。在工具箱中单击"渐变工具"按钮，在工具选项栏中设置渐变类型为"线性渐变"，打开"渐变编辑器"对话框，设置渐变颜色为深青色（R：13、G：93、B：129）、天青色（R：31、G：205、B：238），如图2-3-7所示，设置完成后，按住鼠标左键在选区内拖动填充，如图2-3-8所示。

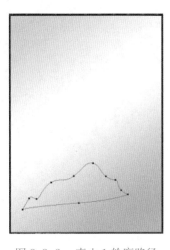

图 2-3-6　青山1轮廓路径

  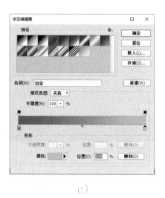

a) b)

c)

图 2-3-7 设置渐变颜色

a) 色标颜色设置（深青色） b) 色标颜色设置（天青色） c) "渐变编辑器" 对话框

图 2-3-8 填充选区青山 1

小技巧：保持选择 "钢笔工具"，按住 "Ctrl" 键向不同方向拖曳方向点，路径曲线会随着光标的移动而变化弧度。

保持选择 "钢笔工具"，绘制并填充青山 2，并调整青山 1 和青山 2 的图层顺序，如图 2-3-9 所示。

图 2-3-9 绘制并填充青山 2

4. 绘制绿水

（1）绘制绿水轮廓路径并填充颜色

在工具箱中单击"钢笔工具"按钮，在工具选项栏中设置模式为"路径"，如图 2-3-10 所示，绘制绿水 1 轮廓路径并进行填充，如图 2-3-11 和图 2-3-12 所示。

图 2-3-10　"钢笔工具"选项栏设置

图 2-3-11　绘制绿水 1 轮廓路径　　　　　　图 2-3-12　填充选区绿水 1

用钢笔工具绘制并填充绿水 2，调整青山和绿水的图层顺序，如图 2-3-13 所示。

图 2-3-13　绘制并填充绿水 2

（2）添加图层样式

调整完后，双击"青山 1"图层，打开"图层样式"对话框，如图 2-3-14 所示，选择"描边"样式，设置大小为 5 像素，不透明度为 100%，颜色为金色（R：219、G：197、B：161）。右击"青山 1"图层，在弹出的快捷菜单中选择"拷贝图层样式"命令，依次粘贴

"青山1"图层样式到"青山2""绿水1""绿水2"图层，效果如图2-3-15所示。

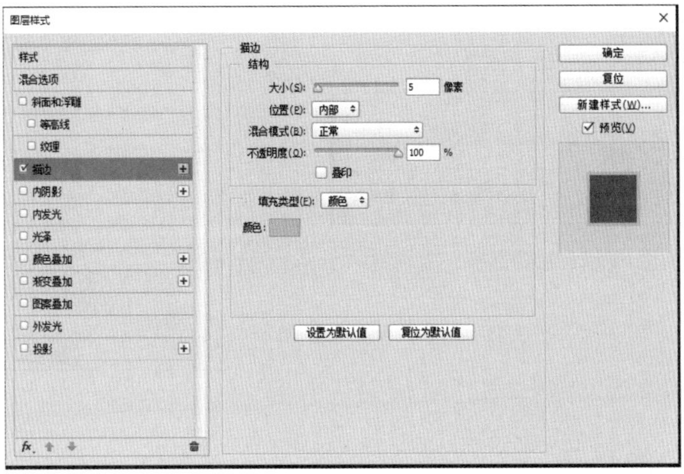

图 2-3-14 "图层样式"对话框

（3）绘制水纹效果

新建"水纹"图层，单击"画笔工具"按钮，单击工具选项栏中的"画笔预设"选取器按钮，在"画笔预设"选取器面板中选择硬边圆笔刷，设置画笔大小为5像素，设置前景色为金色（R：219、G：197、B：161）。单击"钢笔工具"按钮，在工具选项栏中设置模式为"路径"，用鼠标左键单击，依次在绿水边缘绘制水纹轮廓路径，如图2-3-16所示。绘制完成后，右击路径选择"描边路径"命令，弹出"描边路径"对话框，工具选择"画笔"，如图2-3-17所示，单击"确定"按钮。描边完成后删除路径，所有的水纹绘制完成后，将"水纹"图层调整到所有青山和绿水图层下面，绘制水纹效果如图2-3-18所示。

图 2-3-15 描边效果

图 2-3-16 绘制水纹轮廓路径

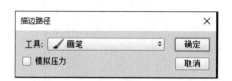

图 2-3-17 "描边路径"对话框

图 2-3-18 绘制水纹效果

5. 绘制金色的燕子

新建"燕子"图层，单击"钢笔工具"按钮，在工具选项栏中设置模式为"路径"，用鼠标左键单击，依次在青山上方绘制燕子轮廓路径，绘制时先用钢笔工具绘制关键节点，然后利用直接选择工具对锚点进行调整，如图 2-3-19 所示。绘制完成后，在画布上右击选择"建立选区"命令（或按快捷键"Ctrl+ 回车"）。新建图层，设置图层名称为"燕子"。在工具箱中单击"渐变工具"按钮，在工具选项栏中设置渐变类型为"线性渐变"，打开"渐变编辑器"对话框，在色标 0% 位置设置渐变颜色为深金色（R：208、G：126、B：20）、在色标 50% 位置设置渐变颜色为金黄色（R：245、G：212、B：103），在色标 100% 位置设置渐变颜色为深金色（R：208、G：126、B：20），如图 2-3-20 所示。设置完成后，按住鼠标左键在选区内拖曳填充。复制燕子图层两次，按"Ctrl+T"键对燕子的大小和位置进行调整，效果如图 2-3-21 所示。

图 2-3-19 绘制燕子轮廓路径

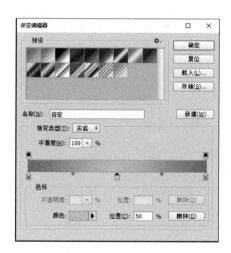

图 2-3-20 设置渐变颜色

图 2-3-21　添加燕子效果

6. 添加宣传文字

打开素材"绿水青山就是金山银山 .png"，按"Ctrl+A"键全选，按"Ctrl+C"键复制，按"Ctrl+V"键粘贴到环保宣传海报文件窗口，将其调整到合适的位置，如图 2-3-1 所示。

7. 保存图像文件

单击"文件"菜单中的"存储"命令保存文件。完成后退出 Photoshop CC 2015。

注意事项

1. 在用钢笔工具勾勒曲线路径时容易出错，需要找准锚点，仔细调整。可以将图层不透明度调为 30%，将需要绘制的图案放置在该图层的下方来绘制路径、调整锚点和形成图像轮廓。

2. 用钢笔工具绘制好路径后，若用快捷键描边，需要提前设置画笔的属性，画笔大小为 1~4 像素即可，不要太粗，颜色为默认的黑色。

3. 路径可以是闭合的，也可以是不闭合的。当需要绘制闭合的路径时，将钢笔工具移到起点，光标右下角会出现一个圆圈，与套索工具的使用方法类似。通过建立锚点，可以改变路径的方向和形状。

4. 在钢笔工具使用状态下，按"Ctrl"键可以把钢笔工具转换成直接选择工具；按"Alt"键可以把钢笔工具转换成转换点工具；按"Ctrl+Alt"键可以把钢笔工具转换成路径选择工具，从而移动路径（移到目标位置后松开"Alt"键，否则就是复制路径）。

相关知识

一、使用钢笔工具绘制曲线路径

在绘制某一锚点时，单击鼠标左键并拖动即可完成该锚点上曲线的绘制，如图 2-3-22 所示。填充柄的长度和角度决定经过该锚点路径的曲率和方向，填充柄只有在该锚点被选中的状态下才显示。

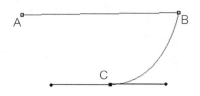

图 2-3-22 使用钢笔工具绘制的曲线 BC

二、使用钢笔工具绘制非连续路径

路径可以是连续的一段，也可以是非连续的多段。当绘制非连续的多段路径时，需要按"Ctrl"键暂时切换到直接选择工具，单击空白处取消路径的编辑状态，松开"Ctrl"键，光标形状恢复原状继续绘制。

三、添加、删除与转换锚点

1. 添加锚点

（1）在路径上钢笔变成"+"时，可以单击添加锚点。

（2）选择钢笔工具组中的"添加锚点工具"，将光标移到路径上单击，可添加一个锚点。

2. 删除锚点

（1）将钢笔移到锚点处，当其变成"−"时，单击删除锚点。

（2）选择钢笔工具组中的"删除锚点工具"，将光标移到锚点上单击，可以删除该锚点。

3. 转换锚点

利用"转换点工具"可以将一个两侧没有控制句柄的直线形锚点转换为两侧具有控制句柄的圆滑锚点，或将圆滑锚点转换为曲线形锚点。转换锚点的操作步骤如下：

（1）选择钢笔工具组中的"转换点工具"。

（2）在直线形锚点上按住鼠标左键拖动，可以将直线形锚点转换为圆滑锚点。反之，将光标移到圆滑锚点上单击，则可将圆滑锚点转换为直线形锚点。

四、修改路径

在路径选择工具组（图 2-3-23）中选择"直接选择工具"，选中锚点并向左移动，移动前后的效果如图 2-3-24 所示。

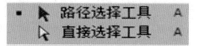

图 2-3-23 路径选择工具组

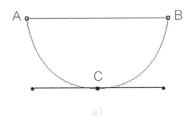
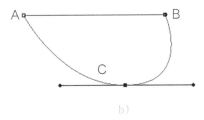

图 2-3-24　使用直接选择工具移动锚点

a) 移动前　b) 移动后

添加控制句柄可以使用转换点工具，也可以在钢笔工具模式下按住"Alt"键，单击锚点添加。利用转换点工具可以单独调整一侧的控制句柄。

五、自由钢笔工具

自由钢笔工具的功能与钢笔工具基本相同，但操作方法略有不同。钢笔工具是通过建立锚点来建立路径的，而自由钢笔工具则是通过绘制曲线来勾绘路径。自由钢笔工具可以像用画笔工具一样自由绘制路径，路径绘制完成后自动形成锚点，再做进一步的编辑和调节。锚点的数量由"自由钢笔工具"选项栏中的曲线拟合参数决定，参数值越小，锚点的数量越多，反之则越少。曲线拟合参数的范围是 0.5~10.0 像素。

思考练习

一、操作题

制作夜半月色效果图，如图 2-3-25 所示。

图 2-3-25　夜半月色效果图

二、简答题

1. 如何保存路径?

2. 使用钢笔工具如何快速抠图?

3. 如何修改路径?

任务 4　绘制生日贺卡

学习目标

- 掌握油漆桶工具及拾色器的使用方法。
- 能用路径相关工具进行字体设计。
- 进一步熟悉钢笔工具的使用方法。
- 掌握矩形工具、圆角矩形工具和椭圆工具的使用方法。
- 掌握选区的编辑方法。

任务分析

逢年过节，DIY 一张贺卡送给家人和朋友，不仅可以表达自己的心意，还能展示自己的专业技能。

生日贺卡是一种常用的贺卡，本任务要求综合使用文字工具、钢笔工具、形状工具等多种工具制作生日贺卡，如图 2-4-1 所示。首先使用油漆桶工具给贺卡填充背景色，然后使用钢笔工具绘制生日蛋糕，再通过创建文字路径制作特效文字，最后绘制或插入其他形状和素材，营造生日气氛。本任务的学习重点是使用钢笔工具绘制曲线路径、修改路径及使用路径相关工具进行字体设计。

图 2-4-1　生日贺卡

1. 新建图像文件

单击"文件"菜单中的"新建"命令，弹出"新建"对话框，设置宽度为143毫米，高度为210毫米，分辨率为96像素/英寸，颜色模式为RGB颜色、8位，背景内容为白色，如图2-4-2所示。设置完成后，单击"确定"按钮。单击"文件"菜单中的"存储为"命令，将其保存为"生日贺卡.psd"。

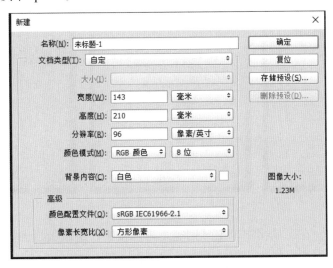

图2-4-2 新建图像文件

2. 填充背景

单击工具箱中的"设置前景色"按钮，弹出"拾色器（前景色）"对话框，如图2-4-3所示，设置前景色颜色（R：246、G：227、B：229），单击"确定"按钮。单击工具箱中的"油漆桶工具"按钮（或按"Ctrl+Alt"键）给贺卡填充背景色。

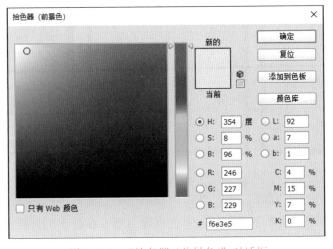

图2-4-3 "拾色器（前景色）"对话框

3. 绘制生日蛋糕

将生日蛋糕分两部分绘制：蛋糕部分和奶油部分。

（1）新建图层 1，在工具箱中单击"钢笔工具"按钮，绘制生日蛋糕。绘制完成后，选择"建立选区"，填充深粉色（R：255、G：153、B：166），按"Ctrl+D"键取消选区，如图 2-4-4 所示。

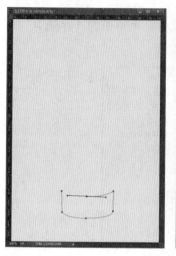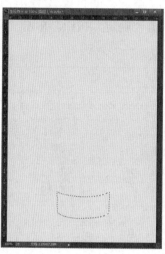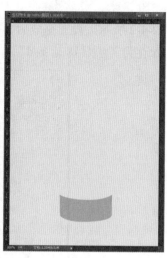

图 2-4-4　用钢笔工具绘制生日蛋糕

（2）新建图层 2，在工具箱中单击"钢笔工具"按钮，绘制蛋糕的奶油部分。绘制完成后，单击鼠标右键，在弹出的快捷菜单中选择"建立选区"，填充巧克力颜色（R：177、G：66、B：46），按"Ctrl+D"键取消选区，如图 2-4-5 所示。

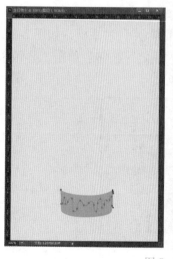

图 2-4-5　用钢笔工具绘制蛋糕的奶油部分

（3）单击工具箱中的"椭圆工具"按钮，在奶油上绘制彩色圆形糖果作为点缀。绘制完成后，将所有的彩色圆形糖果图层选中，单击鼠标右键，在弹出的快捷菜单中选择"栅格化图层"，再单击鼠标右键，在弹出的快捷菜单中选择"合并图层"，将所有的彩色圆形糖果图层合并为一个图层，并将图层重命名为"图层3"，如图2-4-6所示。

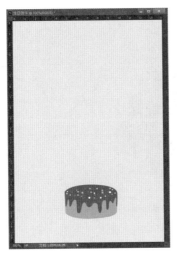

图2-4-6　绘制彩色圆形糖果

（4）将图层1、2、3合并为一个图层并重命名为"蛋糕"，复制蛋糕图层。按"Ctrl+T"键，用自由变换工具调整蛋糕的位置和大小，制作蛋糕的第二层。按照上面的步骤制作蛋糕的第三层，如图2-4-7所示。

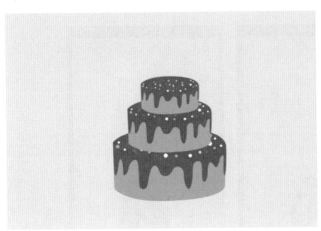

图2-4-7　绘制三层蛋糕

4. 绘制蜡烛

（1）单击工具箱中的"矩形工具"按钮，在蛋糕顶层绘制一个矩形框，填充颜色R：255、G：222、B：0，不描边。右击"矩形1"图层，在弹出的快捷菜单中选择"栅格化图层"，并将图层重命名为"蜡烛"。

（2）新建图层，将图层重命名为"火焰"，用钢笔工具绘制火焰的形状，填充颜色R：255、G：0、B：33，如图2-4-8所示。

图 2-4-8　绘制蜡烛

5. 绘制云朵

单击工具箱中的"椭圆工具"按钮，依次绘制数个椭圆形，填充颜色为白色（R：255、G：255、B：255），组合成云朵的形状。将绘制的椭圆形云朵图层全部选中，单击鼠标右键，在弹出的快捷菜单中选择"合并形状"，并将图层重命名为"云朵"。复制云朵图层，用自由变换工具将云朵拖放到不同的位置，如图 2-4-9 所示。

图 2-4-9　绘制云朵

6. 制作"生日快乐"文字效果

（1）单击工具箱中的"横排文字工具"按钮，在工具选项栏中设置字体为迷你简准圆，字体样式为 Regular，字体大小为 160 点，锐利，左对齐，如图 2-4-10 所示，输入汉字"生"，将文字调整到居中。

图 2-4-10　"横排文字工具"选项栏设置

（2）右击文字图层，在弹出的快捷菜单中选择"创建工作路径"，如图 2-4-11 所示。然后隐藏文字图层，得到文字路径效果，如图 2-4-12 所示。剩余 3 个汉字"日""快""乐"的绘制方法与"生"字相同，效果如图 2-4-13 所示。

图 2-4-11　创建工作路径

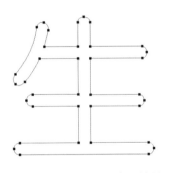

图 2-4-12　"生"字路径效果

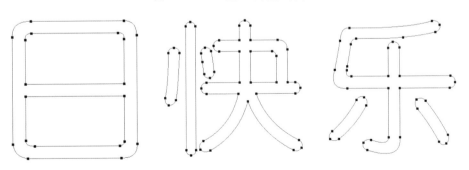

图 2-4-13　剩下 3 个字的路径效果

（3）单击工具箱中的"直接选择工具"按钮和"添加锚点工具"按钮制作特别的文字效果。4 个字的路径修改效果如图 2-4-14 所示。

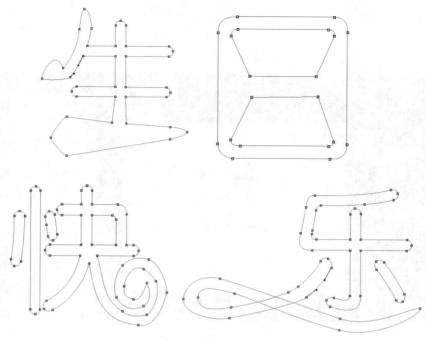

图 2-4-14　4 个字的路径修改效果

（4）将四个路径分别转换为相应的选区，分别填充上相应的颜色 ["生" （#10b8ab）、
"日" （#ffe401）、"快" （#b24330）、"乐" （#fe001a）]，增加画面活泼感。双击 "生" 字图层，
打开 "图层样式" 对话框，为图层添加 "描边" 和 "投影"，其他 3 个字复制其图层样式，
参数设置如图 2-4-15、图 2-4-16 所示，单击 "确定" 按钮。文字效果如图 2-4-17 所示。

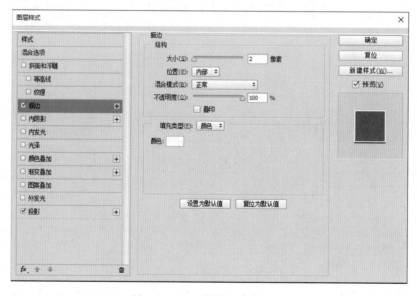

图 2-4-15　"描边" 参数设置

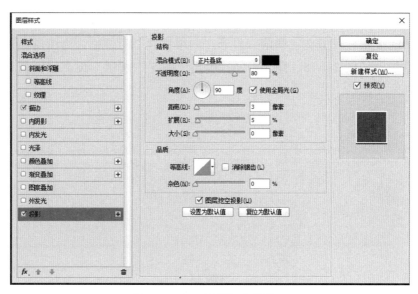

图 2-4-16 "投影"参数设置

图 2-4-17 文字效果

7. 制作"HAPPY BIRTHDAY"文字效果

（1）单击工具箱中的"横排文字工具"按钮，在工具选项栏中设置字体为 Bauhaus 93，字体样式为 Regular，大小为 40 点，锐利，左对齐，如图 2-4-18 所示，输入英文"HAPPY BIRTHDAY"，与上一排汉字相对居中。

图 2-4-18 "横排文字工具"选项栏设置

（2）使用"横排文字工具"，依次选中字母，分别在工具选项栏中为字母设置所需的颜色，增加画面活泼感。双击文字图层，打开"图层样式"对话框，为图层添加"描边"和"投影"，参数设置同图 2-4-15、图 2-4-16，单击"确定"按钮。英文字体效果如图 2-4-19所示。

图 2-4-19　英文字体效果

8.　添加素材

打开生日贺卡素材 1、2 及蛋糕素材文件，按"Ctrl+A"键全选，按"Ctrl+C"键复制，切换到"生日贺卡"文件窗口，按"Ctrl+V"键将素材文件粘贴到该窗口的图像中。按"Ctrl+T"键，用自由变换工具调整素材的大小和位置，如图 2-4-20 所示。

图 2-4-20　添加素材效果

9. 添加自定形状

单击工具箱中的"自定形状工具"按钮，在工具选项栏中选择"横幅 3 形状"，如图 2-4-21 所示。在英文字体下方绘制一条横幅，并在"日"字的中间绘制两个心形，效果如图 2-4-1 所示。

图 2-4-21 "自定形状工具"选项栏设置

10. 保存图像文件

单击"文件"菜单中的"存储"命令保存文件。完成后退出 Photoshop CC 2015。

注意事项

1. 用文字工具创建文字时，有"形状""路径"和"像素"3 种模式，当设置模式为"路径"时，通过输入文字，创建出文字的路径，通过使用转换点工具，进一步将文字调整为特殊的字体，具有很大的自由性。

2. 用钢笔工具勾勒路径时，若用快捷键勾线，需要提前预设画笔，画笔大小为 4 像素即可，不要太粗，颜色为默认的黑色。

3. 调整路径时，单击该路径上的一个锚点后，按住"Alt"键，再单击该锚点，这时其中一根调节线将消失，再单击下一个路径的锚点时就不会受影响了。

4. 按住"Alt"键，单击路径面板上的 🗑，可以在不弹出提示信息框的情况下直接删除路径。按快捷键"Ctrl+H"可以隐藏路径。

5. 如果路径不是闭合状态，进行填色时，会将起点和终点视为用直线连接起来的。

6. 路径是最便捷、最精确的抠图工具。抠图时，若要抠的主体和背景颜色相近且主体的外形不规则，使用魔棒工具就无法完成，那么就需要用路径工具进行抠图操作。

相关知识

一、油漆桶工具

油漆桶工具用于填充前景色或图案，其工具选项栏中左边的填充用于选择填充的内容是前景还是图案，其右侧的选框用于选择需要填充的图案；容差与允许填充的范围相关，容差越大，油漆桶工具允许填充的范围就越大。油漆桶工具的使用非常简单，先在"油漆桶"选项栏左边选好要填充的颜色，然后再填充到需要填充的图形当中即可。"油漆桶工具"选项栏如图 2-4-22 所示。

图 2-4-22 "油漆桶工具"选项栏

二、钢笔工具的使用技巧

1. 为了避免在使用钢笔工具绘制路径时出现锯齿现象，最好先将其路径转换为选区，然后对选区进行描边处理，这样，在得到原路径线条的同时又消除了锯齿。

2. 使用笔类工具绘制路径时，按住"Shift"键可以绘制水平、垂直或 45°方向的路径。

3. 按住"Alt"键，将笔形光标在黑色锚点上单击可以改变方向线的方向，使曲线能够转弯。

4. 使用钢笔工具时，按住"Ctrl"键可以临时切换到直接选择工具，对锚点进行编辑，以提高工作效率。

5. 按住"Alt"键，用路径选择工具单击路径会选中整个路径，要同时选中多个路径时，可以按住"Shift"键后逐个单击。

6. 对有尖角的图像，使用钢笔工具可以建立轮廓清晰、完整的选区，然后将需要抠图的部分裁剪后保存即可。

三、路径的填充和描边

1. 使用前景色填充路径

选中需要填充颜色的路径，再选中相应的图层，设置合适的前景色，单击路径面板上的"用前景色填充路径"按钮即可。

2. 使用画笔描边路径

选中要编辑的图层，然后在路径面板中选中要描边的路径，单击"画笔工具"按钮，设置合适的参数，最后单击路径面板上的"用画笔描边路径"按钮即可。

使用钢笔工具描边时，可以在描边之前将相似的图案放入下面的图层，调整透明度为 50% 及以下，然后沿着图案轮廓用钢笔工具描边，采用这种技巧可以最大限度地保证图案轮廓清晰、完整。

四、矩形工具

使用矩形工具可以很方便地绘制出矩形或正方形。使用矩形工具绘制矩形，只需单击"矩形工具"按钮，按住鼠标左键在画布上拖动，即可绘制出所需图形。在拖曳时若按住"Shift"键，则可绘制出正方形。可以在"矩形工具"选项栏中设置相关参数进行绘制，如图 2-4-23 所示。

图 2-4-23 "矩形工具"选项栏

单击 ⚙ 会弹出矩形选项菜单，如图 2-4-24 所示，包括以下参数：

图 2-4-24　矩形选项菜单

（1）不受约束：矩形的形状完全由光标的拖拉决定。

（2）方形：绘制的矩形为正方形。

（3）固定大小：选中此项，可以在"W："和"H："后面输入所需的宽度值和高度值，默认单位为像素。

（4）比例：选中此项，可以在"W："和"H："后面输入所需的相对宽度值和相对高度值。

（5）从中心：选中此项后，拖拉矩形时光标的起点为矩形的中心。

五、圆角矩形工具

圆角矩形工具用来绘制具有平滑边缘的矩形。其使用方法与矩形工具相同。"圆角矩形工具"选项栏（图 2-4-25）与矩形工具的大体相同，只是多了半径一项参数设置。半径数值越大，边缘越平滑，0 像素时则为矩形。

图 2-4-25　"圆角矩形工具"选项栏

六、椭圆工具

使用椭圆工具可以绘制椭圆形，按住"Shift"键可以绘制正圆形。其工具选项栏如图 2-4-26 所示。

图 2-4-26　"椭圆工具"选项栏

单击 ⚙ 会弹出椭圆选项菜单，如图 2-4-27 所示，包括以下参数：

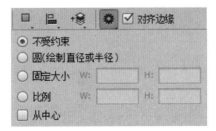

图 2-4-27　椭圆选项菜单

（1）不受约束：用光标可以随意拖拉出任意大小和比例的椭圆形。

（2）圆（绘制直径或半径）：用光标拖拉出正圆形。

（3）固定大小：在"W："和"H："后面输入适当的数值可以固定椭圆形长轴和短轴的长度。

（4）比例：在"W："和"H："后面输入适当的整数可以固定椭圆形长轴和短轴的比例。

（5）从中心：光标拖拉的起点为椭圆形的中心。

思考练习

一、操作题

利用多种工具制作生日贺卡，如图 2-4-28 所示。

图 2-4-28　生日贺卡

二、简答题

1. 可以使用哪些工具来移动路径和形状并调整它们的大小？

2. 使用钢笔工具如何快速抠图？

3. 如何创建自定形状？

项目三　风光图像处理

任务 1　制作古色古香图像效果

学习目标

- 熟练掌握文字图层、普通图层和背景图层的使用方法。
- 熟悉图层样式的含义和功能。
- 能用不同种类的图层样式对图像进行处理。
- 掌握色彩平衡和替换颜色等命令的使用方法。

任务分析

　　荆门是湖北省首批省级历史文化名城，是荆襄古道上的重要节点。本任务要求以始建于宋代、位于荆门古城西城门外的文明湖风景图为素材，如图 3-1-1 所示，利用图像图层、文字图层、图层样式中的描边和渐变叠加、色彩平衡、替换颜色等功能，制作出色调饱和度较低、偏黄的"古色古香"图像效果，如图 3-1-2 所示。本任务的学习重点是图层样式的使用和调色操作。

图 3-1-1　文明湖风景图　　　　　图 3-1-2　"古色古香"图像效果

1. 新建图像文件

单击"文件"菜单中的"新建"命令，弹出"新建"对话框。设置参数如下：名称为"古色古香"，宽度为 27 厘米，高度为 36 厘米，分辨率为 300 像素／英寸，背景内容为白色。

2. 利用图层样式制作背景

（1）新建图层 1，关闭背景图层的"眼睛"，用矩形选框工具绘制合适大小的矩形选框，留一个像素的边缘线，设置前景色为白色，填充矩形选框为白色（快捷键"Alt+Delete"），如图 3-1-3 所示。

图 3-1-3　矩形选框

（2）单击图层面板中的"添加图层样式"按钮，弹出"图层样式"对话框，选择"描边"选项，设置描边大小为 5 像素，位置为外部，不透明度为 100%，填充类型为"颜色"，颜色设置为 R：152、G：130、B：0，如图 3-1-4 所示。

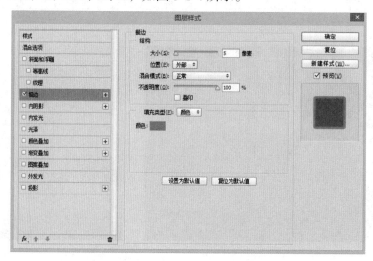

图 3-1-4　"描边"参数设置

（3）单击图层面板中的"添加图层样式"按钮，选择"渐变叠加"选项，设置混合模式为"正常"，渐变为橘黄色（R：255、G：175、B：80）到灰色（R：230、G：218、B：200）的线性渐变，如图 3-1-5 所示。在"渐变编辑器"对话框中设置色标中间位置（50%）的颜色为橘黄色（R：255、G：175、B：80），如图 3-1-6 所示，单击"确定"按钮。

（4）按"Ctrl+D"键取消选区，背景图层渐变效果制作完成，如图 3-1-7 所示。

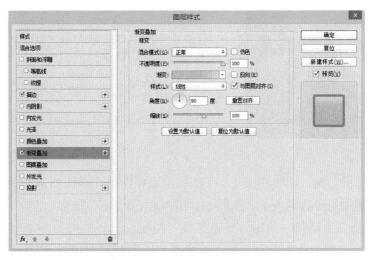

图 3-1-5　"渐变叠加"参数设置

图 3-1-6　渐变颜色参数设置

图 3-1-7　添加"描边"和"渐变叠加"样式后的效果

3.　插入素材图像并调整图像色彩

（1）单击"文件"菜单中的"置入嵌入的智能对象"命令，插入素材"文明湖 .jpg"；按"Ctrl+T"键调整图像的大小，用移动工具将图像调整到合适的位置，如图 3-1-8 所示。

（2）单击"图层"/"栅格化"/"智能对象"，将图像变成可编辑的像素图。

（3）单击"图像"/"调整"/"色彩平衡"，弹出"色彩平衡"对话框，选中"高光"选项，设置色阶为（60，−30，−30），使图像颜色与背景融合得更为自然，如图 3-1-9 所示。

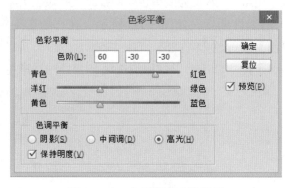

图 3-1-9   色彩平衡参数设置

图 3-1-8   插入素材图像并调整大小和位置

（4）按住"Ctrl"键，选中图层 1，单击图层面板中的"添加图层蒙版"按钮，文明湖素材图像就被遮罩进矩形选框内了，如图 3-1-10 所示。

（5）设置前景色为黑色，单击"画笔工具"按钮，选择柔边类的画笔，这样边缘就会柔和一点，将直径调整为合适大小，如 300 像素，硬度设置为 0%，如图 3-1-11 所示。选中"文明湖畔"的蒙版图层，用选好的画笔将风景图上面部分的天空遮盖起来，如图 3-1-12 所示。可以切换画笔颜色进行多次操作（黑色为遮挡，白色为显示），反复修改到满意为止。

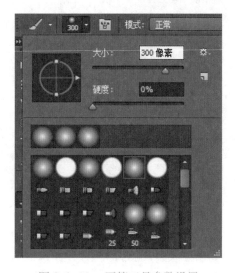

图 3-1-10   添加图层蒙版后的效果

图 3-1-11   画笔工具参数设置

图 3-1-12　用画笔在蒙版中涂抹

（6）选择"文明湖畔"图层，单击选中风景图层，单击"图像"/"调整"/"替换颜色"，弹出"替换颜色"对话框，如图 3-1-13 所示，设置颜色容差为 135，将色相调整到合适的值，选中水面区域，替换水面的颜色，调整色彩后的效果如图 3-1-14 所示。

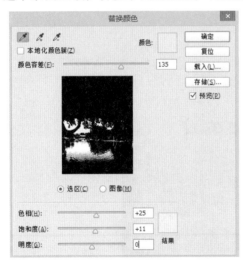

图 3-1-13　"替换颜色"对话框

图 3-1-14　调整色彩后的效果

4. 利用文字图层制作文字效果

（1）新建图层 2，制作左上方文字"龙泉公园"。用矩形选框工具在左上方合适的位置绘制矩形选框，单击"编辑"菜单中的"描边"命令，弹出"描边"对话框，设置描边宽度为 4，颜色为 R：174、G：135、B：78。在方框内输入"龙泉公园"，字体为微软雅黑，字号为 36 点，颜色为 R：162、G：131、B：87。效果如图 3-1-15 所示。

（2）用文字工具输入"印象"，设置字体为华文琥珀，字号为 80 点，颜色为 R：162、

G：131、B：87。用同样的方法输入"impression"和"wenminghupan"，设置字体为 Times New Roman，字号为 36 点，颜色为 R：162、G：131、B：87，移动文字到合适的位置，如图 3-1-16 所示。

图 3-1-15　"龙泉公园"效果　　　　　　　图 3-1-16　"印象"效果

（3）用文字工具输入"文明湖畔"，设置字体为华文行楷，颜色为黑色，字号为 85 点，调整其到合适的位置，如图 3-1-17 所示。

图 3-1-17　"文明湖畔"效果

（4）用文字工具输入"行荆襄古道，赏荆门美景，阅历史文化"，设置字体为方正姚体，颜色为黑色，字号为 36 点，调整其到合适的位置，最终效果如图 3-1-2 所示。

5. 保存图像文件

单击"文件"菜单中的"存储为"命令，在弹出的"另存为"对话框中分别选择以 JPG 和 PSD 格式保存。完成后退出 Photoshop CC 2015。

注意事项

1. 为了便于更好地管理和使用图层，可以用比较直观的名字为图层命名，也可以适当地对图层进行分组和锁定。

2. 文字也相当于一个图层，需要对文字进行修改时，一定要先选中需要修改的文字图层。

3. 蒙版即"遮罩"，其主要作用是保护图片。操作者的所有操作都是在蒙版上进行的，这样可以保护图片不被破坏，切记黑色是遮挡，白色是显示。

4. 在打开图像时，一般以智能对象的形式打开，因为智能对象能保护图层，即使图片放大和缩小，图片也不会变模糊。

相关知识

一、调色关键词

在进行调色的过程中，所有的调色操作都与色彩的基本属性有关。

色彩分为无彩色和有彩色两类。无彩色为黑、白、灰；有彩色为除了黑、白、灰以外的其他颜色。

1. 色相、明度和饱和度

颜色的三个属性包括色相、明度和饱和度。

（1）色相

色相就是颜色的"相貌"，是区分不同颜色的重要指标，如红色、青色、蓝色、紫色和黄色等，通常人眼能分辨出来的颜色大概有 180 种。在不同的颜色模式下，颜色的范围和数量也是不同的，RGB 颜色比 CMYK 颜色的色域更宽，色彩更丰富。例如，采用 RGB 颜色时，若 R、G、B 三个数值都是 0，相当于没有任何颜色，将得到黑色；若 R、G、B 三个数值都是 255，将得到白色；若 R、G、B 三个数值相等，将得到灰色，三个数值越趋近于 255，灰色的亮度越高，三个数值越趋近于 0，灰色的亮度越低。

（2）明度

明度是指颜色的明暗程度，即亮度。明度的高低取决于该种颜色中白色的比例。白色的比例越高，明度越高；反之，明度越低。无彩色系只有明度一种属性。

（3）饱和度

饱和度是指颜色的鲜艳程度，即颜色的纯度。饱和度的高低取决于该色相与消色成分（黑、白或灰）的比例，消色成分的比例越低，饱和度越高。

2. 色温（色性）

色温是指色彩的冷暖倾向，越倾向于蓝色的颜色为冷色调，越倾向于橘色的颜色为暖色调。

3. 色调

色调是指画面整体的颜色倾向，如色彩、明暗。调整色调可以提高图像的清晰度，使图像看上去更生动。图 3-1-18 所示的山地效果图为蓝色调图像；图 3-1-19 所示的日落效果图为橘色调图像。

图 3-1-18　蓝色调图像　　　　　　　　图 3-1-19　橘色调图像

二、添加图层样式

图层样式是一种附加在图层上的"特殊效果"，如浮雕、描边、光泽、发光、投影等。Photoshop CC 2015 中共有 10 种图层样式，这些图层样式可以单独使用，也可以多种图层样式同时使用。使用这些图层样式不仅可以为作品增色，还可以节省空间。

要使用图层样式，首先要选中需要添加图层样式的图层（不能为空图层）。添加图层样式的方法如下：

方法一：单击"图层"/"图层样式"，从子菜单中选择一种图层样式命令，如图 3-1-20 所示。

方法二：单击图层面板底部的"添加图层样式"按钮 。

方法三：在图层面板中双击需要添加图层样式的图层缩览图。

上述三种方法都可以打开"图层样式"对话框，在对话框里从列表中选择图层样式，然后根据需要修改样式的各项参数。

下面介绍本任务中使用的"描边"和"渐变叠

图 3-1-20　"图层样式"子菜单

加"两种图层样式的含义。

1. 描边

描边可以用颜色、渐变以及图案来描绘图像的轮廓边缘，可以设置描边大小、位置、混合模式、不透明度、填充类型及填充内容。

2. 渐变叠加

渐变叠加用于快速为图层赋予某种渐变效果，通过这种方式赋予的渐变颜色可以随时进行调整，不仅能制作出带有多种颜色的对象，还可以巧妙地渐变颜色设置，制作出凸起、凹陷等三维效果及带有反光质感的效果。

三、图层样式的基本操作

1. 隐藏图层样式

在图层面板中单击"效果"前面的"眼睛"即可。

2. 复制图层样式

选中一个带有图层样式的图层，单击鼠标右键，在弹出的快捷菜单中选择"拷贝图层样式"，然后选择要粘贴图层样式的图层，单击鼠标右键，在弹出的快捷菜单中选择"粘贴图层样式"。

3. 缩放图层样式

对图层中的图层样式进行大小比例的整体微调时，只需在该图层样式上右击，在弹出的快捷菜单中选择"缩放效果"，然后设置参数即可。

4. 删除图层样式

选中要删除的图层样式，按住鼠标左键拖曳其到"删除图层"按钮。

5. 栅格化图层样式

选中图层样式图层，单击"图层"/"栅格化"/"图层样式"。

四、使用调色命令调色

在图像处理过程中，大多数情况下都需要进行色调调整，通过调整色调可以提高图像的清晰度，使图像看上去更加生动。调色命令很多，但其使用方法都比较相似。首先选中需要调色的图层，单击"图像"菜单中"调整"子菜单下的各种调整命令，如图 3-1-21 所示，即可进行相应的调色操作，如调整图像的色相/饱和度、亮度/对比度等，可以使整个画面看起来更协调、舒服。这种方式会直接将调色效果作用于图层，属于不

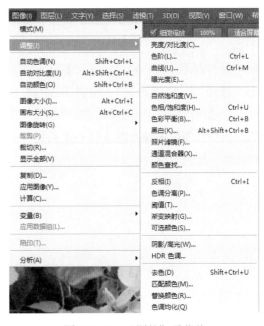

图 3-1-21 "调整"子菜单

可修改方式。

本任务中用到色彩平衡和替换颜色两个命令。

1. 色彩平衡

色彩平衡是指根据颜色的补色原理，控制图像颜色的分布。通过减少某种颜色，同时增加这种颜色的补色，可以对图像进行偏色问题的校正。

2. 替换颜色

替换颜色用于修改图像中选定颜色的色相、饱和度和明度，将选定的颜色替换为其他颜色。

在图像处理过程中，还经常用到色相／饱和度、亮度／对比度、曲线等命令。曲线调整是亮度／对比度、色相／饱和度、色彩平衡的集合，可以更方便、更丰富地调整图像。

思考练习

一、操作题

用图层样式的投影、斜面和浮雕等制作水滴，素材和效果图分别如图 3-1-22 和图 3-1-23 所示。

图 3-1-22　素材　　　　　　　　　　图 3-1-23　效果图

操作提示：打开素材，新建图层 1，在图层 1 中使用"椭圆选框工具"绘制椭圆形选区，单击"选择"/"变换选区"，调整选区的形状及位置，以任意颜色填充选区。双击图层 1 的缩览图，勾选图层样式"投影""斜面和浮雕"并进行设置，注意参数的大小会影响图层最后的呈现效果。其参数值设置参考图 3-1-24 和图 3-1-25。最后，再新建图层，用选区、渐变和羽化等制作高光、反光效果。

图 3-1-24　"投影"参数设置

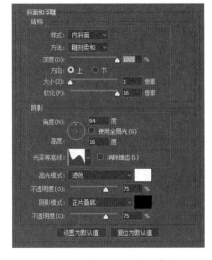

图 3-1-25　"斜面和浮雕"参数设置

二、思考题

1. "去色"与"黑白"有什么不同?

2. 色彩分为哪两类? 颜色的三个属性分别是什么?

3. 添加图层样式有哪些方法?

4. 图层样式中的"描边"和"渐变叠加"样式分别有什么作用?

<h1 style="text-align:center">任务 2　制作日落沙滩图像效果</h1>

 **学习目标**

- 能用填充图层和调整图层进行调色。
- 掌握调整图层中渐变、照片滤镜的使用方法。
- 能正确区分、选用调色命令和进行调整图层调色操作。
- 能用图层混合模式获得各种不同的特殊图像效果。
- 掌握应用图像命令的使用方法。

任务分析

黄昏时分，暖暖的沙滩、云卷云舒、橙红色的夕阳、绚丽的晚霞……宜人的海边风景十分令人陶醉和向往。本任务要求将图 3-2-1 所示的海边风景图片制作出梦幻漂亮的"日落沙滩"图像效果（图 3-2-2）。制作过程中主要通过创建新的填充图层、调整图层以及图层混合模式、应用图像等功能的运用，将图层操作、调色操作和蒙版操作三者完美地结合在一起。本任务主要使用照片滤镜为图像"蒙"上某种颜色，使图像产生明显的颜色倾向，从而达到调整图片色调的目的。本任务的学习重点是图层混合模式的各种操作。

图 3-2-1　海边风景图片

图 3-2-2　"日落沙滩"图像效果

1. 打开素材图像文件

单击"文件"菜单中的"打开"命令，弹出"打开"对话框，选中素材"海边沙滩.jpg"，单击"打开"按钮，打开选中的素材图片。

2. 调整色调

（1）给背景图层添加日落色调

选中背景图层，单击"图层"/"新建调整图层"/"照片滤镜"，弹出"新建图层"对话框（图 3-2-3），单击"确定"按钮。也可以单击"图像"/"调整"/"照片滤镜"，但是前一种方法更好，更便于修改。

图 3-2-3　"新建图层"对话框

新建完成后，弹出照片滤镜的属性面板，如图 3-2-4 所示，设置滤镜为加温滤镜（85），浓度为 20%，整个图像画面都变成了浅橙黄调，如图 3-2-5 所示。

图 3-2-4　属性面板　　　　　　　　　图 3-2-5　浓度为 20% 的效果

（2）加深日落效果

再次在属性面板中设置滤镜为加温滤镜（85），浓度为 83%，整个图像画面都变成了橙黄调，如图 3-2-7 所示。

图 3-2-6　属性面板　　　　　　　　　图 3-2-7　浓度为 83% 的效果

3.　制作太阳

（1）单击"图层"/"新建填充图层"/"渐变"，弹出"新建图层"对话框，如图 3-2-8 所示，设置名称为"日落"，勾选"使用前一图层创建剪贴蒙版"，单击"确定"按钮，弹出"渐变填充"对话框，如图 3-2-9 所示。

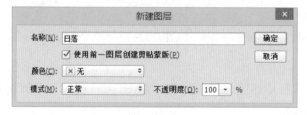

图 3-2-8　"新建图层"对话框

（2）在"渐变填充"对话框中设置渐变参数，样式选择"径向"，如图 3-2-9 所示。

（3）单击编辑渐变条，弹出"渐变编辑器"对话框，如图 3-2-10 所示，设置左下方的色块为白色，不透明度为 100%；右下方的色块为黑色，不透明度为 0%。

（4）分别在渐变填充色中添加三个渐变色标，从左向右依次为 R：255、G：238、B：187，R：255、G：146、B：34 和 R：153、G：34、B：0，位置从左向右依次为 10%、50%、75%，如图 3-2-10 所示，最后单击"确定"按钮完成渐变参数设置。

图 3-2-9 "渐变填充"对话框

图 3-2-10 "渐变编辑器"对话框

4. 调整太阳的位置

双击"日落"图层（图 3-2-11），弹出"渐变填充"对话框（图 3-2-12），使用移动工具移动太阳到合适的位置，单击"确定"按钮，关闭"渐变填充"对话框，如图 3-2-13 所示。执行这一步操作时一定要注意，弹出"渐变填充"对话框后，才能用移动工具移动渐变图层，否则是移动不了的。

图 3-2-11 图层面板

图 3-2-12 "渐变填充"对话框

图 3-2-13　移动太阳到合适的位置

5. 设置图层混合模式

在图层面板上选中"日落"图层，将图层混合模式设置为滤色，效果如图 3-2-14 所示。

图 3-2-14　滤色后的效果

6. 使用应用图像命令修饰图片

选中图层面板中"日落"图层的图层蒙版，单击"图像"/"应用图像"，弹出"应用图像"对话框，如图 3-2-15 所示，设置混合为正片叠底，勾选"蒙版"，其他设置保持默认，单击"确定"按钮，效果如图 3-2-16 所示。

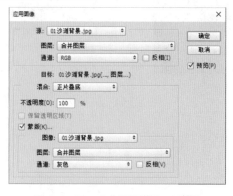

图 3-2-15　"应用图像"对话框

图 3-2-16　日落效果

7. 合成效果图

复制背景图层，将背景图层移至最顶层，用选框工具选中背景右边合适的部分，按
"Delete"键删除，最终效果如图 3-2-2 所示。

8. 保存图像文件

单击"文件"菜单中的"存储为"命令，在弹出的"另存为"对话框中分别选择以 JPG
和 PSD 格式保存。完成后退出 Photoshop CC 2015。

注意事项

1. 创建剪贴蒙版是通过使用处于下方图层的形状来控制其上方图层的显示范围，达到剪
贴画的效果，即"下形状上颜色"。可以为一个或多个调整图层创建剪贴蒙版，使其只针对
一个图层进行调整。

2. 应用图像和混合模式一起运用能产生强大的效果。

3. 照片滤镜与摄影师使用的"彩色滤镜"效果非常相似，能给图像"蒙"上某种颜色，
使图像产生明显的颜色倾向，常用于制作冷调和暖调的图像。

4. 在图像处理过程中，要善于使用调整图层，这样既不用改变原图层，又可以随时改变
调整图层的参数。

相关知识

一、调色的两种方法

1. 用"图像"菜单中的"调整"命令进行调色

通过"图像"菜单中"调整"子菜单下的"调色"命令进行调节，这种方式会直接将调
色效果作用于图层，属于不可修改方式。

2. 用调整图层进行调色

单击图层面板中的"创建新的填充或调整图层"按钮，或单击"图层"菜单中的"新建

调整图层"命令，在"调整图层"快捷菜单中选择相应的命令，如图 3-2-17 所示，即可为该图层添加一个调整图层。这种方式属于可修改方式，如果对调色效果不满意，可以重新修改调整图层的参数，直到达到满意的效果为止。

图 3-2-17 "调整图层"快捷菜单

二、照片滤镜

调整图层中的照片滤镜是一种用于调整图片色温的工具。其工作原理是模拟在照相机的镜头前增加彩色滤镜，镜头会自动过滤掉某些暖色或冷色光，从而起到控制图片色温的效果。

图 3-2-4 所示为照片滤镜的属性面板，包括"滤镜"，里面自带各种颜色的滤镜；"颜色"，可以设置想要的颜色；"浓度"，可以控制需要增加颜色的浓淡；"保留明度"，决定是否保持高光部分，勾选后有利于保持图片的层次感。

1. 色温滤镜

色温滤镜的作用是调整光源中的色温，从而满足彩色照片对光线色温的要求，有橙色和蓝色两大系列。橙色系列用于降低色温，如照片滤镜中的加温滤镜；蓝色系列用于提高色温，如照片滤镜中的冷却滤镜。

2. 色彩补偿滤镜

色彩补偿滤镜主要用于纠正色彩偏差，用于精确调节照片中轻微的色彩偏差，如照片滤镜中的特定颜色，如红、橙、黄、洋红等。

三、图层混合模式

在 Photoshop 中，通过图层不透明度、填充不透明度和混合模式等功能可以合成丰富的图像效果。图层不透明度、填充不透明度分别用于设置图层总体、图层内容的不透明度，通过调整图层的不透明度，可以将图像元素逐渐透明化。混合模式用于设置图像叠加时，某一图层与其紧挨在一起的下面图层的颜色进行色彩混合，如颜色相加、相减或色彩变换等，从而获得各种不同的特殊图像效果。

1. 图层混合模式的设置方法

首先选中要设置混合模式的图层，然后单击图层面板中"图层混合模式"右侧的下拉列表按钮，打开下拉列表，如图 3-2-18 所示，选择所需的混合模式即可。

图 3-2-18 "图层混合模式"下拉列表

2. 图层混合模式的各种效果

图层混合模式共分为六组，第一组是正常与溶解，其实质是覆盖；第二组的主要功能是去掉图像中亮的部分，保留暗的部分，包括变暗、正片叠底、颜色加深、线性加深、深色；第三组的主要功能是混合后让图像更亮，去掉较暗的部分，包括变亮、滤色、颜色减淡、线性减淡（添加）、浅色；第四组的主要功能是混合后有提高图像对比度的视觉效果，即让亮的部分更亮，暗的部分更暗，造成图像明暗对比的较大反差，并减少层次感，包括叠加、柔光、强光、亮光、线性光、点光、实色混合；第五组的主要功能是用于制作特殊图像效果，该部分的模式不常使用，包括差值、排除、减去、划分；第六组的主要功能是用混合色图层调整基色图层的色相、饱和度、明度，包括色相、饱和度、颜色、明度。

（1）正常：默认的色彩混合模式，当不透明度为 100% 时，下面图层的图像会被上面图层的图像完全覆盖。只有降低上面图层图像不透明度的数值后才能与下面图层的图像混合，不透明度数值越小，透明效果越明显。

（2）溶解：下面图层的颜色会被上面图层的颜色随机取代，产生一种两层图像互相融合的效果。该模式对羽化的边缘作用非常明显。

（3）变暗：比较上下两个图层的颜色，将其中较暗的颜色显示出来。也就是说，下面图层比上面图层亮的像素被取代，而较暗的像素不变。

（4）正片叠底：上面图层的颜色与下面图层的颜色进行混合，任何颜色与黑色混合产生黑色，任何颜色与白色混合保持不变。除黑色与白色之外的颜色相叠加产生变暗的颜色。简单来说，正片叠底模式就是突出黑色的像素。

（5）颜色加深：通过增加上下层图像之间的对比度，使下面图层图像的颜色变暗。与白色混合时，下面图层的颜色不发生变化。

（6）线性加深：通过减小亮度，使下面图层的颜色变暗。与白色混合时，下面图层的颜色不发生变化。

（7）深色：通过比较上下两个图层中图像所有通道的数据总和，显示数据较小的颜色。

（8）变亮：正好与变暗模式相反。比较上下两个图层的颜色，将其中较亮的颜色显示出来。

（9）滤色：与正片叠底相反的一种混合模式，与黑色混合时颜色保持不变，与白色混合时得到白色。除黑色与白色之外的颜色相叠加产生变亮的颜色。

（10）颜色减淡：通过减小上下层图像之间的对比度，使下面图层图像的颜色变亮。

（11）线性减淡（添加）：与线性加深模式产生的效果相反，通过提高亮度，使下面图层的颜色变亮。与黑色混合时，下面图层的颜色不发生变化。

（12）浅色：通过比较上下两个图层中图像所有通道的数据总和，显示数据较大的颜色。

（13）叠加：将上下两个图层的颜色进行叠加，保持下面图层的高度和阴影部分。下面图层的颜色不会被取代。

（14）柔光：根据上面图层颜色的不同，使颜色变暗或变亮。如果上面图层颜色的灰度大于50%，图像变亮；如果上面图层颜色的灰度小于50%，图像变暗。

（15）强光：对颜色进行过滤，具体取决于当前图像的颜色。如果上面图层颜色的灰度大于50%，图像变亮；如果上面图层颜色的灰度小于50%，图像变暗。这种模式适合为图像增加暗调。

（16）亮光：通过增加（降低）对比度来加深（减淡）颜色，具体取决于上面图层的颜色。如果上面图层颜色的灰度大于50%，则通过降低对比度使图像变亮；如果上面图层颜色的灰度小于50%，则通过增加对比度使图像变暗。

（17）线性光：通过增加（降低）亮度来加深（减淡）颜色，具体取决于上面图层的颜色。如果上面图层的颜色比50%灰色亮，则通过增加亮度使图像变亮；如果上面图层的颜色比50%灰色暗，则通过降低亮度使图像变暗。

（18）点光：根据上面图层的颜色来替换颜色。如果上面图层的颜色比50%灰色亮，则替换比上面图层颜色暗的像素；如果上面图层的颜色比50%灰色暗，则替换较亮的像素。

（19）实色混合：将上层图像的RGB通道值添加到底层图像的RGB值中，其结果是亮色更亮、暗色更暗。

（20）差值：以上面图层和下面图层中较亮颜色的亮度减去较暗颜色的亮度。上层图像与白色混合将使底色反相，与黑色混合则不会发生变化。

（21）排除：与差值模式相似，但对比度更低，因而颜色较柔和。

（22）减去：减去上面图层颜色的同时，也减去上面图层的亮度。越亮减得越多越暗，减得越少则越亮。

（23）划分：比较每个通道中的颜色信息，然后从底层图像中划分上层图像。

（24）色相：用底层图像的明亮度、饱和度以及上层图像的色相来创建颜色。

（25）饱和度：用底层图像的明亮度、色相以及上层图像的饱和度来创建颜色。在无饱和度（灰色）的区域用此模式绘画不会发生变化。

（26）颜色：用底层图像的明亮度以及上层图像的色相、饱和度来创建颜色，这样可以保留图像中的灰度，对于给单色图像上色或给彩色图像上色非常有用。

（27）明度：用底层图像的色相、饱和度以及上层图像的明亮度来创建颜色。

四、快速调整色彩色调

在"图像"菜单中有自动色调、自动对比度、自动颜色三种用于自动调整图像颜色的命令。

1. 自动色调

自动色调常用于校正图像常见的偏色问题，当图像总体出现偏色时，可以使用自动色调命令自动调整图像中的高光和暗调，使图像有较好的层次效果。

自动色调命令自动校正图像中白色和黑色的像素比，并按比例重新分布中间像素值。单击"图像"菜单中的"自动色调"命令，系统会自动调整图像的明暗度，去除图像中不正常的高亮区和黑暗区。图3-2-19所示为使用"自动色调"命令调整前后的对比图。

a)　　　　　　　　　　　　　　　　　b)

图3-2-19　使用"自动色调"命令调整前后的对比图

a）调整前　　b）调整后

2. 自动对比度

单击"图像"菜单中的"自动对比度"命令，不仅能自动调整图像色彩的对比度，还能调整图像的明暗度。该命令是通过剪切图像中白色与黑色像素的百分比，使图像中的高光看上去更亮，阴影看上去更暗。图 3-2-20 所示为使用"自动对比度"命令调整前后的对比图。

a)   b)

图 3-2-20　使用"自动对比度"命令调整前后的对比图

a）调整前　　b）调整后

3. 自动颜色

单击"图像"菜单中的"自动颜色"命令，通过自动搜索图像中的阴影、中间调和高光区域来调整图像的对比度和颜色。系统自动调整图像的颜色，使颜色更加自然。图 3-2-21 所示为使用"自动颜色"命令调整前后的对比图。

a)   b)

图 3-2-21　使用"自动颜色"命令调整前后的对比图

a）调整前　　b）调整后

思考练习

一、操作题

使用习题素材，分别利用"替换颜色"命令以及调整图层中的"色相/饱和度"等命令，制作彩色花瓣，素材和效果图分别如图 3-2-22、图 3-2-23 所示。

图 3-2-22　素材

图 3-2-23　效果图

二、思考题

1. 常用的调色方法有哪几种？

2. 填充图层中的渐变和调整图层中的照片滤镜功能分别能产生什么样的图像效果？

3. 如何使用图层混合模式？

4. 使用哪些命令可以自动调整图像颜色？

任务 3 制作都市印象图像效果

学习目标

- 掌握通道抠图的基本操作方法。
- 掌握色相和饱和度的调整方法。
- 能用曲线对图像进行颜色调整。
- 能创建和编辑 Alpha 通道。
- 掌握通道与选区之间的转换方法。
- 熟悉蒙版的类型、用途和使用方法。

任务分析

本任务要求将如图 3-3-1 所示的图片进行处理，将素材中的都市建筑物和天空背景融合在一起，让人感觉到摩天大楼高耸入云端，仿佛俯仰所见即是蓝天白云，如图 3-3-2 所示。首先对整张图片进行调色（使天空变蓝），然后使用多边形套索工具选中玻璃幕墙的各个部分，利用通道得到选区，用蒙版做遮罩效果，将周围的建筑物反射到玻璃幕墙上，最后通过一个光照功能，完成图像效果。本任务的学习重点是通道和蒙版的使用。

图 3-3-1　建筑物素材　　　　　　　图 3-3-2　"都市印象"图像效果

1. 打开图像文件

单击"文件"菜单中的"打开"命令，打开素材"建筑物 .jpg"。

2. 调整图像色调

（1）选择背景图层，调整蓝色天空的饱和度，使天空部分变蓝，其他部分不变。单击"图像"/"调整"/"色相/饱和度"，在弹出的"色相/饱和度"对话框中单击"手指"按钮，光标变成吸管工具后，单击白云。然后单击"颜色取样器工具"按钮，选中白云中间的天空，在对话框中将色相调整为 12，饱和度调整为 30，这样天空就变蓝了，如图 3-3-3所示。

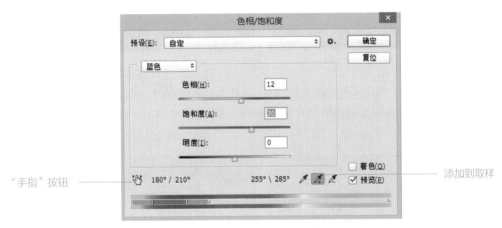

图 3-3-3　色相、饱和度参数设置

（2）单击"图像"/"调整"/"曲线"，弹出"曲线"对话框，如图 3-3-4 所示，对天空的色调进行微调，设置输入值和输出值分别为 140、120，通过曲线让整体色调变得自然，如图 3-3-5 所示。

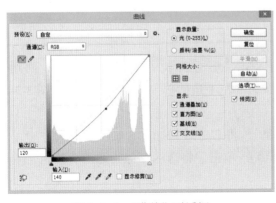

图 3-3-4　"曲线"对话框

图 3-3-5　使用曲线后的效果

3. 利用通道制作遮罩效果

（1）切换到通道面板，用多边形套索工具选中图像左上角（白云）的部分，如图 3-3-6 所示。单击"将选区存储为通道"按钮，生成 Alpha 1 通道，按"Ctrl+D"键取消选区，如图 3-3-7 所示。

图 3-3-6　选中图像左上角（白云）的部分　　　　图 3-3-7　生成 Alpha 1 通道

（2）选择背景图层，用矩形选框工具选中如图 3-3-8 所示的白云区域，右击，在弹出的快捷菜单中选择"通过拷贝的图层"，生成图层 1，用移动工具将白云移到合适的位置，如图 3-3-9 所示。

图 3-3-8　选中白云区域　　　　　　图 3-3-9　移动白云到合适的位置

（3）选中"Alpha 1"通道，在通道面板中单击"将通道作为选区载入"按钮；回到图层面板，选中图层 1，单击"添加图层蒙版"按钮，左上角的部分被云层覆盖，如图 3-3-10 所示。

（4）单击"文件"/"置入嵌入的智能对象"，将"建筑物 .jpg"图片置入文件中，用多边形套索工具选中大楼的主体结构（玻璃幕墙），单击"将选区存储为通道"按钮，生成 Alpha 2 通道，如图 3-3-11 所示。

图 3-3-10   添加图层蒙版效果   图 3-3-11   生成 Alpha 2 通道

（5）在通道面板中单击"将通道作为选区载入"按钮，单击 RGB 通道，回到图层面板，在图层面板底部单击"添加图层蒙版"按钮，设置图层模式为"滤色"，不透明度为 60%，如图 3-3-12 所示。

图 3-3-12   添加图层蒙版效果

（6）使用多边形套索工具选中建筑物图中部分，单击"滤镜"/"模糊"/"高斯模糊"，设置半径为 1.5 像素，效果如图 3-3-13 所示。

图 3-3-13   高斯模糊效果

（7）依照步骤（4）~（6）的方法，插入素材图片"建筑物 1.jpg"到合适的位置，如图 3-3-14 所示，用于为建筑物上方的玻璃幕墙添加建筑物 1 的反光，如图 3-3-15 所示。重复上述步骤，添加建筑物 2、建筑物 3 并制作相应的玻璃反光效果，如图 3-3-16 和图 3-3-17 所示。

图 3-3-14　插入建筑物 1 到合适的位置　　　　图 3-3-15　添加建筑物 1 的反光

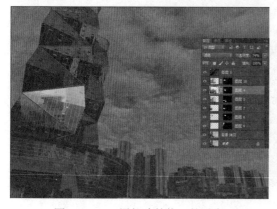

图 3-3-16　添加建筑物 2 的反光　　　　图 3-3-17　添加建筑物 3 的反光

4. 添加光照效果

单击"文件"/"置入嵌入的智能对象"，将"光晕 .jpg"图片置入文件中（图 3-3-18），并调整到合适的位置，设置图层模式为"滤色"，光照效果如图 3-3-2 所示。

图 3-3-18　置入光晕图片

5. 保存图像文件

单击"文件"菜单中的"存储为"命令，在弹出的对话框中分别选择以 JPG 和 PSD 格式保存。完成后退出 Photoshop CC 2015。

注意事项

1. 添加图层蒙版时，若为选区，就单击"添加图层蒙版"按钮；若为路径，就单击"添加矢量蒙版"按钮。

2. 单击"图像"/"调整"/"色相/饱和度"，弹出"色相/饱和度"对话框，如图 3-3-19 所示。单击 🖐 可以选择和调整颜色范围，单击 🖊 和 🖊 可以添加和减少颜色范围。本任务中采用 🖊 调整天空的颜色。

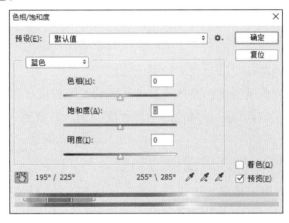

图 3-3-19　色相 / 饱和度面板样式

3. 在通道中，黑色代表非选区，白色代表选区，灰色代表半透明选区。想要完整保留的区域和想要完全删除的区域应该分别显示为黑色和白色，才能得到精确的选区，对象才能完整地被提取出来。而类似毛发边缘、半透明云朵等则需要保留一部分。

4. 按住"Ctrl"键，单击所要选择通道的缩览图，可以将通道作为选区载入。

5. 当蒙版为白色时，图层的内容全部显示；当蒙版为黑色时，图层的内容全部隐藏；当蒙版为灰色时，图层的内容是半透明的，透明的程度取决于灰度值的高低。

6. 默认状态下，"曲线"命令用于对复合通道进行调整，也可以选择其中的一个通道进行调整。

相关知识

一、调整色相和饱和度

1. 使用"色相 / 饱和度"命令调整

单击"图像"/"调整"/"色相 / 饱和度"，弹出"色相 / 饱和度"对话框，如图 3-3-20

所示。在该对话框中，可以对图像整体或局部的颜色进行调整，以增强画面的饱和度；也可以对图像中各颜色（红、黄、绿、青、蓝、洋红）的色相、饱和度、明度分别进行调整。

图 3-3-20　"色相 / 饱和度"对话框

调整色相是指更改画面各个部分或某种颜色的色相。

调整饱和度是指增强或减弱画面整体或某种颜色的鲜艳程度。数值越大，颜色越艳丽。

调整明度是指使整个画面或某种颜色的明亮程度增加。数值越大，越接近白色；数值越小，越接近黑色。

2. 使用海绵工具调整区域图像饱和度

"海绵工具" ⬤ 主要用于精确增加或减少某一区域图像的饱和度。在减淡工具组中选择"海绵工具"，如图 3-3-21 所示，使用海绵工具在特定的区域内拖曳，其能根据图像的不同特点来改变图像颜色的饱和度和亮度，以调节图像的色彩效果，让图像更加完美。此外，也可以在"海绵工具"选项栏中设置各项参数来控制图像的修饰效果。

图 3-3-21　减淡工具组

该工具组中的"减淡工具" ⬤ 和"加深工具" ⬤ 是色调工具。使用减淡工具在特定的图像区域内拖曳，可以让图像的局部颜色变得更加明亮，从而达到强调或突出表现的目的，对处理图像中的高光非常有用。加深工具的功能与减淡工具相反，使用加深工具在图像中涂抹，可以使图像变暗，从而加深图像的颜色，以表现图像中的阴影效果。

二、曲线

曲线是常用的调色命令，既可用于画面的明暗和对比度调整，又常用于校正画面偏色问题及调整出独特的色调效果。单击"图像" / "调整" / "曲线"，打开"曲线"对话框，如图 3-3-22 所示。曲线命令输入和输出值的范围是 0 ~ 255；横轴代表图像原来的亮度，纵轴代表图像调整后的亮度，曲线表示图像调整的轨迹，其中，曲线的左下角表示图像的暗调，右上角表示图像的亮调，中间部分表示图像的中间调。

曲线命令的使用方法灵活多变，在"曲线"对话框中左侧的窗口为曲线调整区域，在曲线上单击可以创建一个调节点，移动调节点可以改变曲线的形态，即对图像进行调整，将调节点移到左下角或右上角可以将该点删除。通过改变曲线的形状，可以调整图像的明暗和对比度；通过变换颜色通道，可以校正画面偏色。曲线上半部分控制画面的亮部区域，曲线中间部分控制画面的中间调区域，曲线下半部分控制画面的暗部区域。

在曲线上单击即可创建一个点，然后通过按住并拖动点来调整曲线的形态。将曲线上的点向左上移动可以使图像变亮，向右下移动可以使图像变暗。

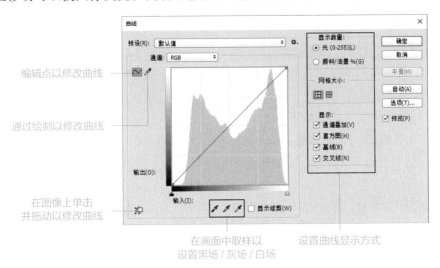

图 3-3-22 "曲线"对话框

三、通道

1. 通道及其类型

通道是以灰度图像形式存储图片颜色信息和选区的一个载体。通道可以分为颜色通道、Alpha 通道和专色通道 3 种类型。

颜色通道用于保存图像的颜色数据，根据图像颜色模式的不同，颜色通道的种类也各异。

Alpha 通道是一种特殊通道，主要用来创建和存储选区。Alpha 通道用于保存蒙版，即将选区范围保存之后，就会成为一个蒙版保存在一个新增的通道中。Alpha 通道与选区关系密切，Alpha 通道中的白色区域为选区，黑色区域为非选区，灰色区域为有一定羽化效果的选区。

专色通道用于印刷中的专色油墨。

2. 通道面板

单击"窗口"/"通道"，若"通道"选项前面显示有"√"，即调出通道面板，如图 3-3-23 所示。默认情况下，通道面板显示在图层面板附近。

图 3-3-23　通道面板

在通道面板中单击任意一个颜色通道，此时图像显示为该通道的灰度图像；如果要恢复图像的颜色，单击最顶部的复合（RGB）通道即可。使用通道面板可以完成新建、删除、复制、合并及拆分通道等操作。

通道面板上的主要按钮功能如下：

"将通道作为选区载入"按钮■：单击该按钮，可以载入所选通道图像的选区。

"将选区存储为通道"按钮■：如果图像中有选区，单击该按钮，可以将选区中的内容存储到通道中。

"创建新通道"按钮■：单击该按钮，可以新建一个 Alpha 通道。

"删除当前通道"按钮■：将通道拖曳到该按钮上，可以删除选中的通道。

3. 通道数量

通道数量是由图像颜色模式决定的，如 RGB 模式的图像有 4 个通道（1 个复合通道和 3 个分别代表红色、绿色、蓝色的通道），CMYK 模式的图像则有 5 个通道（1 个是复合通道，另外 4 个分别是代表青色、洋红、黄色和黑色的通道）。

4. 使用通道进行图像合成

将如图 3-3-24 所示的素材"枯树 .jpg""天空 .jpg"进行图像合成，得到如图 3-3-25 所示的效果。

a）　　　　　　　　　　　　　　　　　　　　　　b）

图 3-3-24　素材图片

a）枯树　b）天空

图 3-3-25　抠图合成的效果

操作方法如下：

对于"枯树 .jpg"，如果想从图中用选区工具把枯树抠出来是比较困难的，使用通道是最好的办法。

（1）在通道面板中找到对比度最为强烈的蓝色通道。

（2）按住"Ctrl"键并单击通道缩览图，选中白色（亮）的区域，然后按"Ctrl+Shift+I"键反选，即选中黑色区域。

（3）单击复合通道，回到图层面板，按"Ctrl+C"键复制该区域，按"Ctrl+V"键粘贴该区域，枯树就被抠出来了。

（4）加入"天空 .jpg"即完成两幅图像的合成。

5. 使用通道制作出奇特的效果

选中图像中的一个通道，对通道中的内容进行复制，选中另一个通道，进行粘贴，制作出奇特的效果，如图 3-3-26 和图 3-3-27 所示。

图 3-3-26　素材图像　　　　　　　图 3-3-27　效果图

操作方法如下：

（1）打开通道面板，选中绿色通道，按"Ctrl+A"键全选，按"Ctrl+C"键复制全部绿色通道。

（2）单击红色通道，按"Ctrl+V"键粘贴，将复制的绿色通道粘贴到红色通道里面。

（3）单击复合通道，回到图层面板，红色的花就变成了蓝色的花。

四、蒙版

蒙版是一种特殊的选区，但它的真正目的并不是对选区进行操作，而是要保护被遮盖的区域不受任何编辑操作的影响。蒙版是 Photoshop 中用得比较多的一项功能，常用的有图层蒙版、矢量蒙版、快速蒙版和剪贴蒙版等。

1. 图层蒙版

使用图层蒙版可以进行各种图像的合成操作。在蒙版中进行图像处理，能迅速还原图像，避免在处理过程中丢失图像信息。

2. 矢量蒙版

矢量蒙版和图层蒙版的原理一样，只是用法不同。矢量蒙版是一种路径遮罩，通过建立路径或矢量形状来控制图像的显示，通常只显示路径区域内的内容。

3. 快速蒙版

快速蒙版可以将任何选区转变为蒙版，将图像作为蒙版进行编辑，其优点是可以使用滤镜、羽化值等属性来修改蒙版，用户可以自由地在蒙版和选区之间进行切换。

4. 剪贴蒙版

剪贴蒙版也称剪贴组，其功能是通过使用处于下方图层的形状来限制上方图层的显示状态，达到一种剪贴画的效果。简而言之就是"下形状上颜色"。

思考练习

一、操作题

1. 使用如图 3-3-28 所示素材，复制背景图层，利用"应用图像"命令，设置源通道为绿色，混合模式为颜色加深，蒙版通道为蓝色，效果图如图 3-3-29 所示。

图 3-3-28　素材　　　　　　　　　　图 3-3-29　效果图

2. 使用图层蒙版将如图 3-3-30 所示的两张素材进行合成，效果图如图 3-3-31 所示。

图 3-3-30　素材

图 3-3-31　效果图

操作提示：将两张素材图片叠加在一起，天空在上层，海水风景在下层；在天空图层上新建一个图层蒙版，此时蒙版显示的是白色，这样天空图层就全部显现出来了（记住黑色代表隐藏，白色代表显示，灰色代表透明）；为了让过渡比较自然，在蒙版图层面板拉一个由白到黑的渐变，图层的交接处还可以用画笔调整修改，直到满意为止。

3. 使用剪贴蒙版的功能，将如图 3-3-32 所示的文字和图片合成奇妙的"沙滩风光"效果，如图 3-3-33 所示。

操作提示：打开沙滩风光素材图片，输入"沙滩风光"建立文字图层；将图片图层放上面，文字图层放下面；单击图片图层，单击剪贴蒙版即可。图层面板如图 3-3-34 所示。

图 3-3-32　素材

图 3-3-33　效果图　　　　　　　图 3-3-34　图层面板

二、思考题

1. 新建通道的操作方法是怎样的？

2. RGB 颜色模式有几个通道？

3. 蒙版类型有哪几种？

4. 图层蒙版和剪贴蒙版有什么区别和联系？如何在图像处理中运用好这两种蒙版？

任务 4　制作校园掠影图像效果

学习目标

- 掌握滤镜的使用方法。
- 掌握滤镜库的使用方法。
- 能熟练使用最小值、浮雕效果滤镜制作各种特殊效果。

任务分析

校园掠影是以如图 3-4-1 所示校园风景的照片为素材，利用图层混合模式和滤镜将照片图像做出泛黄铅笔画的效果，再进行文字图层、图像图层等操作得到的，如图 3-4-2 所示。本任务的学习重点是选用合适的滤镜制作变化万千的特殊效果。

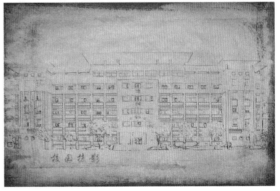

图 3-4-1　素材　　　　　　　　　　　　　　图 3-4-2　校园掠影

任务实施

1. 打开素材照片

单击"文件"菜单中的"打开"命令，打开素材"校园风光 .jpg"。

2. 调整图像效果

（1）选中背景图层，按住鼠标左键将其拖曳到"创建新图层"按钮上松开，即复制背景图层。双击该图层名称，将图层名称改为"去色"，如图 3-4-3 所示。

图 3-4-3　生成"去色"图层

（2）选中"去色"图层，单击"图像"/"调整"/"去色"，或使用快捷键"Ctrl+Shift+U"将该图层去色，如图 3-4-4 所示。

（3）选中"去色"图层进行复制，生成新图层，将图层名称改为"反相"，如图 3-4-5 所示。

图 3-4-4　去色效果　　　　　　　　　　　　图 3-4-5　生成"反相"图层

（4）选中"反相"图层，单击"图像"/"调整"/"反相"，将该图层反相，如图 3-4-6 所示。

图 3-4-6　反相效果

3. 制作滤镜效果

（1）单击"滤镜"/"其他"/"最小值"，在弹出的"最小值"对话框中设置半径为1像素，如图3-4-7所示，单击"确定"按钮，效果如图3-4-8所示。

图3-4-7　设置半径　　　　　　　　　　　图3-4-8　滤镜效果

（2）设置"反相"图层的混合模式为"颜色减淡"，效果如图3-4-9所示。

图3-4-9　颜色减淡效果

（3）复制"反相"图层，将图层名称改为"混合选项"，如图3-4-10所示。单击"图层"/"图层样式"/"混合选项"，在弹出的"图层样式"对话框中按住"Alt"键并向右拖动"下一图层"滑块，将数据调整为122，单击"确定"按钮，如图3-4-11所示。

图3-4-10　生成"混合选项"图层

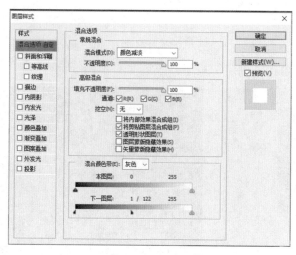

图 3-4-11　"混合选项"参数设置

（4）按住"Ctrl"键，同时选中"混合选项"图层和"去色"图层，按"Ctrl+Shift+Alt+E"键将图层合并成独立图层，命名为"合并"，效果如图 3-4-12 所示。

（5）置入素材"纸张.jpg"，调整图片的大小，将"纸张"图层移至"合并"图层的下方。选中"合并"图层，设置混合模式为"正片叠底"，制作出泛黄铅笔画效果，如图 3-4-13 所示。

图 3-4-12　合并图层效果

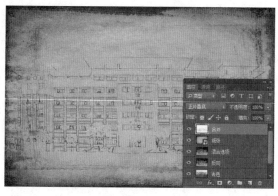

图 3-4-13　泛黄铅笔画效果

4. 制作文字效果

（1）选择通道面板，创建新通道 Alpha 1，在合适的位置输入文字"校园掠影"，字体为华文行楷，字号为 30，如图 3-4-14 所示。

（2）单击"滤镜"/"风格化"/"浮雕效果"，在"浮雕效果"对话框中设置角度为 −35°，高度为 4 像素，数量为 60%，如图 3-4-15 所示。

图 3-4-14　输入文字

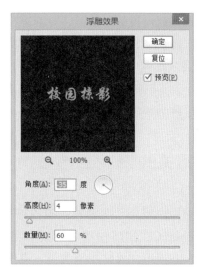

图 3-4-15　"浮雕效果"参数设置

（3）按住"Ctrl"键，单击通道面板中的 Alpha 1 通道，选中浮雕文字选区，回到图层面板，新建图层 1，设置前景色（R：90、G：17、B：22），按"Alt+Delete"键填充前景色，按"Ctrl+D"键取消选取。将文字移到合适的位置，如图 3-4-16 所示。

（4）选中图层 1，单击"滤镜"/"风格化"/"扩散"，在"扩散"对话框中选择"变暗优先"，效果如图 3-4-17 所示。

图 3-4-16　移动文字到合适的位置

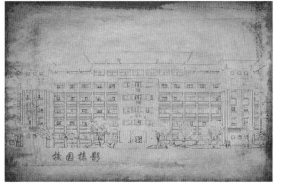

图 3-4-17　扩散文字效果

5. 保存图像文件

单击"文件"菜单中的"存储为"命令，在弹出的对话框中分别选择以 JPG 和 PSD 格式保存。完成后退出 Photoshop CC 2015。

注意事项

1. 按"Ctrl+Shift+Alt+E"键，将选中的多个图层合并生成独立的新图层。

2. 在应用滤镜的过程中，如果要终止处理，可以按"Esc"键。

3. 按"Ctrl+F"键，重复使用上一步滤镜操作；按"Ctrl+Alt+F"键，打开最后一次进行滤镜参数设置的对话框，对滤镜参数重新进行设置。

4.普通滤镜是通过修改像素生成图像效果，一旦保存，就无法恢复原始图像。如果右击图层，在弹出的快捷菜单中选择"转换为智能对象"，将其转换为智能对象后，再执行滤镜命令，这时滤镜效果应用于智能对象上，就不会修改图像的数据，这是一种非破坏性的滤镜，也称为智能滤镜。

相关知识

一、"滤镜"菜单

滤镜主要用于实现图像的各种特殊效果，不同类型的滤镜可以制作的效果也大不相同。Photoshop CC 2015 中的滤镜集中在"滤镜"菜单中，如图 3-4-18 所示，大致可以分为特殊滤镜、滤镜组和外挂滤镜三类，有的滤镜的名称后有一个小三角形按钮，其用于打开该组滤镜下所包含的滤镜子菜单。

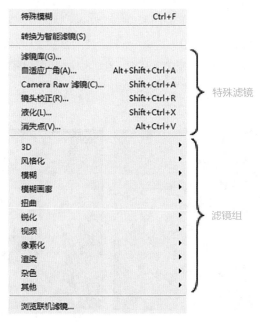

图 3-4-18　"滤镜"菜单

1. 特殊滤镜

特殊滤镜位于"滤镜"菜单上半部分，这些滤镜的功能比较强大，使用方法各不相同。

2. 滤镜组

滤镜组中的每个菜单命令下都包含多个滤镜效果，这些滤镜大多数使用起来非常简单，只需要执行相应的命令并简单地调整参数就能得到丰富多彩的艺术效果。

3. 外挂滤镜

外挂滤镜是 Photoshop 支持使用第三方开发的滤镜，这种滤镜通常被称为外挂滤镜。外挂滤镜的种类很多，如人像皮肤美化、材质模拟滤镜等。这部分可能在菜单中没有显示，必须先安装才能使用。

二、特殊滤镜

1. 滤镜库

滤镜库中集合了很多滤镜，滤镜效果各不相同，但使用方法十分相似。在滤镜库中可以为一个图层添加一个或多个滤镜。

操作方法：单击"滤镜"/"滤镜库"，打开滤镜库设置窗口，如图 3-4-19 所示。

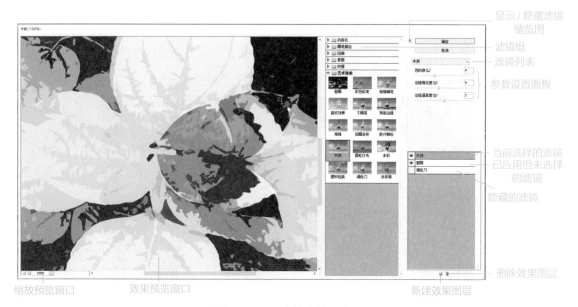

图 3-4-19　滤镜库设置窗口

2. 自适应广角

自适应广角主要用于校正广角镜头造成的变形问题，可以对广角、超广角及鱼眼效果进行变形校正。操作方法：单击"滤镜"/"自适应广角"，打开"自适应广角"设置窗口，如图 3-4-20 所示，设置校正的类型，包含鱼眼、透视、自动、完整球面。

图 3-4-20　"自适应广角"设置窗口

多边形约束工具 ◇ ：单击图像或拖动端点可以添加或编辑约束；按住"Shift"键单击可以添加水平 / 垂直约束；按住"Alt"键单击可以删除约束。

移动工具 ⊹ ：拖动以在画布中移动内容。

抓手工具 ✋ ：放大窗口的显示比例后，可以使用该工具移动画面。

缩放工具 🔍 ：单击即可放大窗口的显示比例，按住"Alt"键单击可以缩小显示比例。

3. 渐隐

渐隐用于弱化滤镜效果，或者将滤镜效果与原始画面进行混合。若要调整滤镜产生效果的不透明度和混合模式，可以通过"渐隐"命令进行操作。操作方法：单击"滤镜" / "渲染" / "纤维"，再单击"编辑" / "渐隐纤维"，在"渐隐"对话框中设置混合模式为"颜色减淡"，不透明度为50%，渐隐素材和效果如图 3-4-21、图 3-4-22 所示。

图 3-4-21　渐隐素材　　　　　图 3-4-22　渐隐效果

4. 镜头校正

镜头校正主要用于校正扭曲、紫 / 绿边、四角失光，可以快速修复常见的镜头瑕疵，也可以用来旋转图像，或修复由于相机在垂直或水平方向上倾斜而导致的图像透视错误现象。单击"滤镜" / "镜头校正"，打开"镜头校正"设置窗口（图 3-4-23），调整图像四角失光现象，将移去扭曲设置为 60，晕影数量设置为 20，可以发现图像四角变形后亮度也提高了，如图 3-4-24 所示。

图 3-4-23 "镜头校正"设置窗口   图 3-4-24 镜头校正效果

三、风格化滤镜组

1. 风

"风"通过产生一些细小的水平线条来模拟风吹效果，如图 3-4-25 所示。其参数包括：

方法：包含"风""大风""飓风"3 种等级。

方向：设置风源的方向，包含"从右"和"从左"两种。

2. 浮雕效果

通过勾勒图像或选区的轮廓和降低周围的颜色值来生成凹陷或凸起的浮雕效果，如图 3-4-26 所示。其参数包括：

角度：设置浮雕效果的光线方向。光线方向会影响浮雕凸起的位置。

高度：设置浮雕效果的凸起高度。

数量：设置浮雕滤镜的作用范围。数值越大，边界越清晰（小于 40%，图像会变灰）。

3. 拼贴

拼贴是将图像分解为一系列块状，使其偏离原来的位置，以产生不规则的拼砖图像效果，如图 3-4-27 所示。其参数包括：

拼贴数：设置在图像每行和每列中显示的贴块数。

最大位移：设置拼贴偏移原始位置的最大距离。

填充空白区域用：设置填充空白区域的使用方法。

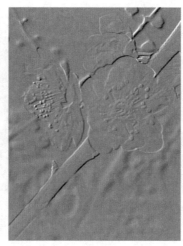

图 3-4-25　风吹效果　　　　　图 3-4-26　浮雕效果　　　　　图 3-4-27　拼砖图像效果

四、模糊滤镜组

模糊滤镜组集合了 11 种模糊滤镜，用于淡化边界的颜色，使图像内容变得柔和。使用模糊滤镜组中的滤镜可以进行磨皮、制作景深效果或者模拟高速摄像机跟拍效果。下面介绍几种常用的滤镜。

1．表面模糊

表面模糊保留了边缘的同时模糊图像，将接近的颜色融合为一种颜色，从而减少画面细节或降噪。使用表面模糊的素材和效果如图 3-4-28、图 3-4-29 所示。其参数包括：

半径：设置模糊取样区域的大小。

阈值：控制相邻像素色调值与中心像素值相差多大时才能成为模糊的一部分。若两者之差小于设定的阈值，其像素将被排除在模糊之外。

2．动感模糊

动感模糊可以沿指定的方向，以指定的距离进行模糊，产生的效果类似于在固定的曝光时间拍摄一个高速运动的对象，效果如图 3-4-30 所示。其参数包括：

角度：设置模糊的方向。

距离：设置像素模糊的程度。

图 3-4-28　表面模糊素材　　　　图 3-4-29　表面模糊效果　　　　图 3-4-30　动感模糊效果

3. 特殊模糊

特殊模糊常用于模糊画面中的褶皱、重叠的边缘，还可以进行图片降噪处理。其只对有微弱颜色变化的区域进行模糊，模糊效果细腻，添加该滤镜后既能最大限度地保留画面内容的真实形态，又能使小的细节变得柔和。

使用特殊模糊滤镜进行图像处理前后对比效果如图 3-4-31~ 图 3-4-33 所示。其参数包括：

半径：设置应用模糊的范围。

阈值：设置像素具有多大差异后才会被模糊处理。数值越大，被模糊处理的效果越明显。

品质：设置模糊效果的质量，包含"低""中等""高" 3 种。

模式：选择"正常"选项，不会在图像中添加任何特殊效果；选择"仅限边缘"选项，将以黑色显示图像，以白色描绘出图像边缘像素亮度值变化强烈的区域，如图 3-4-32 所示；选择"叠加边缘"选项，将以白色描绘出图像边缘像素亮度值变化强烈的区域，如图 3-4-33 所示。

图 3-4-31　素材　　　　　　图 3-4-32　仅限边缘效果　　　　图 3-4-33　叠加边缘效果

五、模糊画廊滤镜组

模糊画廊滤镜组中的滤镜用于对图像进行模糊处理，主要用于数码照片中制作特殊模糊效果，如模拟景深效果、旋转效果等。该滤镜组是 Photoshop CC 2015 中新增的功能，将原模糊滤镜组中的"场景模糊""光圈模糊""移轴模糊"等滤镜都添加到了全新的模糊画廊滤镜组中。同时，在 Photoshop CC 2015 中新增了恢复模糊区域中的杂色功能，使图像更加逼真。

1. 场景模糊

场景模糊通过在画面中添加多个控制点，设置每个控制点的参数，使画面中的不同部分产生不同的模糊效果，场景模糊效果如图 3-4-34 所示。

2. 光圈模糊

光圈模糊是一个单点模糊滤镜，根据不同的要求对焦点（画面中清晰的部分）的大小和形状、图像其余部分的模糊数量以及清晰区域和模糊区域之间的过渡效果进行相应的设置，光圈模糊效果如图 3-4-35 所示。

3. 移轴模糊

移轴模糊用于制作移轴摄影效果，泛指利用移轴镜头创作的作品，移轴模糊效果如图 3-4-36 所示。

图 3-4-34　场景模糊效果　　　图 3-4-35　光圈模糊效果　　　图 3-4-36　移轴模糊效果

六、扭曲滤镜组

扭曲滤镜组可以通过更改图像纹理和质感的方式扭曲图像效果。

"扭曲"子菜单中包括"波浪""波纹""极坐标""挤压""切变""球面化""水波""旋转扭曲"和"置换"9 种滤镜，如图 3-4-37 所示。

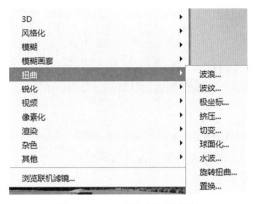

图 3-4-37　"扭曲"子菜单

七、锐化滤镜组

锐化就是使图像中的像素之间颜色反差增大、对比增强，从而产生使图像看起来更清晰的效果。因为图像处理过程中可能会造成图像细节损失，锐化操作通常是图像处理的最后一个步骤。

"锐化"子菜单中包括"USM 锐化""防抖""进一步锐化""锐化""锐化边缘"和"智能锐化"6 种滤镜，如图 3-4-38 所示。其中"USM 锐化"和"智能锐化"是最常用的锐化图像的滤镜，可以调整参数；"进一步锐化""锐化""锐化边缘"属于无参数滤镜，适合微调锐化效果；"防抖"用于处理对焦正确、曝光适度、杂色较少的照片。

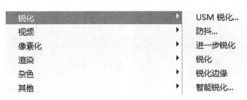

图 3-4-38　"锐化"子菜单

八、视频滤镜组

视频滤镜组包含"NTSC 颜色"和"逐行"两种滤镜，可以将视频图像与普通图像相互转换，用于视频图像的输入和输出。

九、像素化滤镜组

像素化滤镜组将图像进行分块或平面化处理，包含"彩块化""彩色半调""点状化""晶格化""马赛克""碎片"和"铜板雕刻"7 种滤镜。

十、渲染滤镜组

渲染滤镜组是其自身产生的图像，包含"火焰""图片框""树""分层云彩""光照效果""镜头光晕""纤维"和"云彩"8 种滤镜，其中比较典型的是"纤维"和"云彩"滤镜，可以利用前景色和背景色直接产生效果。

十一、杂色滤镜组

杂色滤镜组可以添加或移去图像中的杂色，包含"减少杂色""蒙尘与划痕""去斑""添加杂色"和"中间值"5 种滤镜。

十二、3D 滤镜组

3D 滤镜组中有"生成凹凸图"和"生成法线图"两种滤镜，其功能是利用漫射纹理生成更好效果的凹凸图或法线图，这两种效果图常用于游戏贴图中。

十三、其他滤镜组

其他滤镜组包含了"HSB/HSL 滤镜""高反差保留""位移""自定""最大值"和"最小值"6 种滤镜，该组滤镜可以快速调整图像和色调反差。

思考练习

一、操作题

使用如图 3-4-39 所示素材和滤镜制作雪景效果，如图 3-4-40 所示。

图 3-4-39　素材　　　　　　　　　　　图 3-4-40　雪景效果

二、思考题

1. 使用什么滤镜能产生生活中的大头照效果？

2. 使用什么滤镜能使水面产生水波效果？

3. 使用什么滤镜能使效果图的主体物清晰、背景虚化柔和，并能制作出逼真的景深效果？

任务 5　风光照片的基础调整

学习目标

- 了解 Photoshop CC 2015 自带插件 Camera Raw 的操作界面。
- 掌握 Camera Raw 基本面板的操作方法。
- 掌握细节、HSL、分离色调、镜头校正和效果的使用方法。
- 能熟练使用变换工具、渐变滤镜和径向滤镜处理图像。
- 能正确导出图像。

任务分析

用照相机拍摄照片之后，可能会发现拍出来的效果总是差强人意。这时对照片进行后期处理，就可以把拍摄者的创作思想加进去，强化主体，让照片能更好地表达拍摄者的情感，突出拍摄者的拍摄风格。

本任务要求通过对风光照片后期的调整来达到自己满意的后期效果，如图 3-5-1 所示。本任务将学习照片后期调整的基本思路和对照片进行处理的基本流程，逐步建立自己对照片的基本分析，掌握后期操作的基本方法。本任务的学习重点是 Camera Raw 的使用。

a)　　　　　　　　　　　　　　　　　　　　b)

图 3-5-1　风光照片

a) 调整前　　b) 调整后

1. 打开图像文件

单击"文件"菜单中的"打开"命令（或按快捷键" Ctrl+O"），弹出"打开"对话框，选择并打开相应的文件。如果是相机的 Raw 文件（相机原始数据图像），将直接进入 Camera Raw 操作界面，如图 3-5-2~ 图 3-5-4 所示。

图 3-5-2　Camera Raw 操作界面

图 3-5-3　Camera Raw 左上方工具栏

图 3-5-4　Camera Raw 右侧工具栏

2. 用变换工具对文件进行画面水平校正

单击界面左上方工具栏中的"变换工具"按钮，在右侧的变换面板中进行设置，其中有自动、水平、纵向、完全、通过使用参考线 5 个选项，根据照片的水平、垂直情况合理使用，本任务中使用自动调整，如图 3-5-5 所示。

图 3-5-5　用变换工具对图像进行自动调整

3. 镜头校正

由于某些镜头焦距和光圈的原因，画面会产生畸变、色差、暗角等图像失真现象和不同类型的缺陷，处理图像时要先进行镜头和相机校正，再调整曝光、反差等。单击右侧工具栏中的"镜头校正"按钮 ，单击"配置文件"，勾选"删除色差"和"启用配置文件校正"，在镜头配置文件中选择镜头制造商和机型，本任务中素材使用 Nikon AF-S NIKKOR 24-70mm f/2.8G ED 拍摄，如图 3-5-6 所示。单击"手动"，在"手动"选项卡中可以扭曲校正，在"去边"调节项中可以滑动紫色数量和绿色数量滑块，数值越大，去除的色边越多，如图 3-5-7 所示。紫色色相和绿色色相滑块用于调整受影响的紫色和绿色的色相范围。本任务中素材图像的色边不是太明显，可以默认不调。

4. 锐化和降噪

在右侧工具栏中单击"细节"按钮 ，在细节面板调整"锐化"的数量为 40，在"减少杂色"调节项中调整明亮度为 42，其他保持不变，如图 3-5-8 所示。

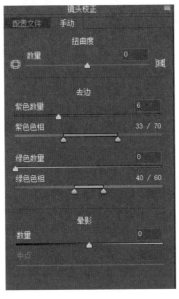

图 3-5-6　选择镜头制造商和机型　　　　图 3-5-7　"手动"选项卡　　　　图 3-5-8　细节面板

5. 基本调整

在右侧工具栏中单击"基本调整"按钮 ，进入基本面板，进入正式的调片环节。图像的基本调整可归纳为 5 个重要的环节，即：理解直方图→校准白平衡→定位黑白场→适当的饱和度→针对性反差，这是后期流程的基本程序。直方图表示图像每个亮度级别的像素数量，从左到右对应"基本"调节项中的黑色、阴影、曝光、高光、白色。本任务中的照片由于拍摄时间不理想，光线比较强。图像处理的思路是要体现土家吊脚楼的古朴，在色调上整体做一个暗调的处理。围绕这个思路，首先压暗高光，提亮阴影，让暗部有细节。具体参数设置如下：高光为 –100，白色为 –80，阴影为 +51，黑色为 –3。白平衡保持原照设置不变。原片没有过曝和过暗的情况，黑白场保持不变，曝光不做调整，适当增加自然饱和度（+22）。反差是指画面层次的对比，主要调节清晰度和对比度，本例只是调整了清晰度（+30），如图 3-5-9 所示。调整后的效果如图 3-5-10 所示。

图 3-5-9　基本面板
　　　　参数设置

图 3-5-10　　调整后的效果

6. 局部修饰

前面所做的调整都是全局调整，接下来调整照片的细节。局部修饰的工具主要有调整画笔、渐变滤镜和径向滤镜 3 种。本任务中主要使用渐变滤镜和径向滤镜。

在左上方工具栏中单击"渐变滤镜"按钮▇，在画面下方按住鼠标左键从下往上拖曳，直到超出台阶上方大部分区域，调整曝光为 –0.35，如图 3-5-11 所示。依次在画面的左下方添加两次渐变滤镜 [从左向右拖曳（稍向上偏移一定角度），从左下方向斜上方拖曳]，在画面的右下方添加 3 次渐变滤镜（从右下方向左上方拖曳），如图 3-5-12 所示。

在左上方工具栏中单击"径向滤镜"按钮▇，把曝光调整为 –0.3，设置色温为 +32、色调为 +7，依次在画面中下方的瓦面上和下方的台阶上单击鼠标并拖曳，直至基本覆盖整个屋顶面和下方台阶，如图 3-5-13 所示。

图 3-5-11　调整渐变滤镜曝光

图 3-5-12　添加渐变滤镜

图 3-5-13　添加径向滤镜

7. 局部调色

（1）HSL 调整

单击左上方工具栏中的"缩放工具"或"抓手工具"回到基本面板，单击"HSL 调整"按钮 ，进入 HSL 调整面板。HSL 是指色相、饱和度和明度，这是颜色的基本属性。

单击"色相"，在"色相"选项卡中将黄色色相调整为 +23，将绿色色相调整为 +8，如图 3-5-14 所示。

图 3-5-14　色相调整

单击"饱和度"，在"饱和度"选项卡中将绿色、浅绿色、紫色和洋红的饱和度分别调整为 −13、−4、−7、−25，如图 3-5-15 所示。

单击"明亮度"，在"明亮度"选项卡中将绿色的明亮度调整为 −17，如图 3-5-16 所示。

图 3-5-15　饱和度调整

图 3-5-16　明亮度调整

（2）分离色调

分离色调可以选择仅对画面中的高光区进行着色，暗部不受影响，或者反过来仅对阴影部分进行着色。此外，也可以同时对两个区域着不同的颜色。

在右侧工具栏中单击"分离色调"按钮 █，进入分离色调面板，将"高光"调节项中的色相调整为 51，饱和度调整为 8；将"阴影"调节项中的色相调整为 206，饱和度调整为 19，如图 3-5-17 所示。

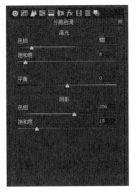

图 3-5-17　分离色调

8. 添加裁剪后晕影效果

在效果面板中可以对图像添加颗粒和裁剪后晕影效果。给图像添加裁剪后晕影效果，可以给图像增加暗角，如图 3-5-18 所示。

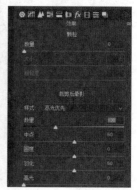

图 3-5-18　添加裁剪后晕影效果

9．Photoshop 最后调整

在 Camera Raw 中单击右下方的"打开对象"按钮，图像将进入 Photoshop 操作界面，在 Photoshop 中对图像细节进行精细调整，导出最终效果图。

（1）单击"裁剪工具"（或按快捷键"C"），对图像进行适当裁剪，二次构图，如图 3-5-19 所示。

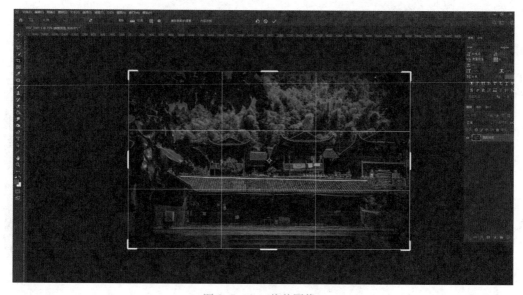

图 3-5-19　裁剪图像

（2）单击图层面板中的"创建新的填充或调整图层"按钮，如图 3-5-20 所示，在弹出的快捷菜单中选择"曲线"，为图像添加曲线调整图层，增加图像的对比与反差，如图 3-5-21 所示。

图 3-5-20　单击"创建新的填充或调整图层"按钮

图 3-5-21　添加曲线调整图层

（3）再次单击图层面板中的"创建新的填充或调整图层"按钮，在弹出的快捷菜单中选择"可选颜色"，为图像添加可选颜色调整图层，调整图像中的绿色（在"颜色"选项中选择"绿色"，调整数值为：黄色－34，黑色 +7），如图 3-5-22 所示。

（4）盖印图层（按" Ctrl+Shift+ Alt+E"键），选中盖印图层并拷贝该图层（按" Ctrl+J"键），选中最上方的拷贝图层，将混合模式改为"柔光"，不透明度设置为21%，如图 3-5-23 所示。

图 3-5-22　添加可选颜色调整图层

图 3-5-23　盖印图层并添加柔光混合效果

10. 导出文件

单击"文件"菜单中的"导出"命令，在其子菜单中选择"导出为"，弹出"导出为"对话框，参数设置如图 3-5-24 所示，单击"导出"按钮，在弹出的对话框中选择磁盘文件路径，设置文件名为"彭家寨"，文件格式为 PNG，导出调整后的文件。

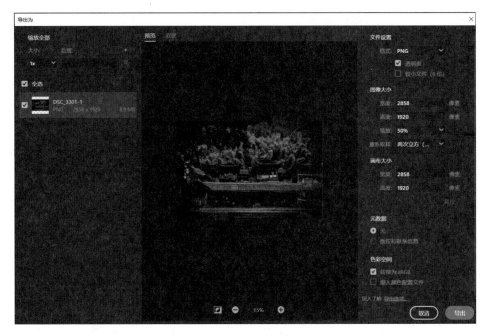

图 3-5-24　导出参数设置

注意事项

1. 关于两种相机的格式 NEF 和 CR2，NEF 是日本尼康公司独有的一种文件格式，是 RAW 文件格式的另一种形式。该格式将 CCD 或 CMOS 感光元件生成的 12 位、14 位或 22 位二进制原始感光数据和摄影环境信息、相机程序调整信息整合在一个文件中。CR2 是佳能相机存储的图像文件格式（同 RAW），用随机附带的软件 Digital Photo Professional（或其他支持 CR2 的软件）即可打开查看和编辑。CR2 是 CCD、CMOS 或图像感应器将捕捉到的光源信号转换为数字信号的原始数据格式。

2. 对于色温调整，其滑块左滑偏冷，右滑偏暖；对于色调调整，其滑块左滑偏绿，右滑偏洋红。

3. 高光和白色的作用相同，都是调亮度；阴影和黑色的作用相同，都是调暗度。

4. 如果是 JPG 格式的文件，需单击"滤镜"菜单，在其下拉菜单中选择"Camera Raw 滤镜"，方可进入 Camera Raw。

相关知识

一、图像调整的基本流程

下面以如图 3-5-25 所示的建筑物图像为例，讲解图像调整的基本流程，调整后的效果如图 3-5-26 所示。

1. 在 Camera Raw 操作界面中观察直方图，看高光和暗部是否和谐。

2. 用"拉直工具"调整图像的水平和垂直方向，把图像调正。

3. 在基本面板中调整图像的曝光等参数，也可以使用自动调整。

4. 如果天空不太蓝，可以使用 HSL 调整面板调整色相和饱和度。

5. 使用细节面板调整图像的锐化值，一边观察图像，一边调整。

图 3-5-25　素材　　　　　　　　图 3-5-26　调整后的效果

二、使用 Camera Raw 调整人像

　　人像作品的后期修图方法有很多，有用画笔、图章、污点修复、变形、液化、可选颜色、色彩平衡、锐化等原始、简单的方法，也有用中性灰、双曲线、亮度蒙版、色相及饱和度统一等高级、精准的方法，甚至还有用方便、高效的插件，方法虽然有很多，但是后期处理思路是学习的基础。下面讲解使用 Camera Raw 调整人像的基本思路和方法。

1. 打开文件

　　单击"文件"菜单中的"打开"命令，弹出"打开"对话框，打开"人像 .NEF"，如图 3-5-27 所示。

图 3-5-27　用 Camera Raw 打开人像素材

2. 镜头校正

用前面介绍的镜头校正方法进行镜头校正，参数设置如图 3-5-28 所示。

3. 锐化和降噪

单击"细节"按钮，在细节面板调整"锐化"的数量为 40，在"减少杂色"调节项中调整明亮度为 45，其他保持不变，如图 3-5-29 所示。

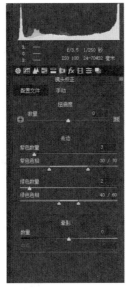

图 3-5-28　校正参数设置　　　　　　图 3-5-29　细节面板

4. 基本调整

单击"基本调整"按钮，进入基本面板，人像和风景的调整原理和流程基本相同，首先压暗高光，提亮阴影，让暗部有细节。设置参数如下：高光为−79，白色为−30，阴影为+40，黑色为−7。白平衡保持原照设置不变。原片没有过曝和过暗的情况，黑白场保持不变，曝光不做调整，如图 3-5-30 所示。

图 3-5-30　基本调整

5. 局部调整

单击"HSL 调整"按钮，进入 HSL 调整面板，单击"色相"，在"色相"选项卡中设置黄色为 +2，如图 3-5-31 所示。

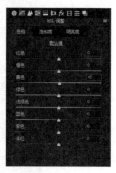

图 3-5-31 色相调整

单击"饱和度"，在"饱和度"选项卡中将橙色、黄色、绿色的饱和度分别调整为 −21、−58、−66，如图 3-5-32 所示。

图 3-5-32 饱和度调整

单击"明亮度"，在"明亮度"选项卡中将橙色的明亮度调整为 +21，如图 3-5-33 所示。

图 3-5-33　明亮度调整

6.　人像磨皮和锐化调整

磨皮就是保留皮肤一定的纹理，消除皮肤部分的斑点、瑕疵和杂色等，让皮肤看上去更光滑、细腻和自然。用 Camera Raw 磨皮主要是添加径向滤镜调整清晰度和锐化程度。清晰度和锐化程度的滑块向右滑是锐化，向左滑是柔化和模糊。

在工具栏中单击"径向滤镜"按钮，在人像脸部位置单击并拖曳出合适的大小，调整清晰度为−81，锐化程度为−41，在"效果"项选择"内部"，如图 3-5-34 所示。

图 3-5-34　在脸部添加径向滤镜

人像的眼睛、眉毛、头发并不需要磨皮效果，反而要加强锐化，这些部位要从选区中减去。保持选择"径向滤镜"，在径向滤镜面板中选择"画笔"/"画笔擦除调整"，勾选"自动蒙版"和底部的"蒙版"，调整好画笔的大小，设置羽化为95，流动为85，用画笔把眼睛、眉毛和选区内的头发部位擦除，如图 3-5-35 所示。

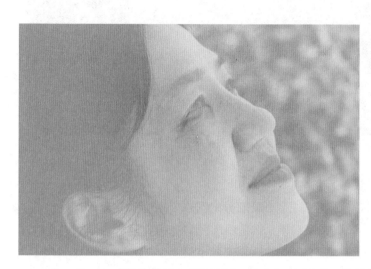

图 3-5-35　擦除眼睛、眉毛和选区内的头发部位

依次在颈部位置添加径向滤镜，对颈部皮肤磨皮，如图 3-5-36 和图 3-5-37 所示。

图 3-5-36　在颈部添加径向滤镜　　　　　图 3-5-37　对颈部皮肤磨皮

7. 导出文件

用前面介绍的文件导出方法导出文件。

思考练习

一、操作题

对如图 3-5-38 所示建筑风景素材进行后期调整。

图 3-5-38　建筑风景素材

二、思考题

1. 径向滤镜与渐变工具能改变图像局部的曝光与色彩吗？

2.Camera Raw 图像处理操作和 Photoshop 中自带的图像处理操作有哪些区别和联系？

3. 如何以滤镜的方式应用 Camera Raw 设置？

4. 局部修饰的工具主要有哪几种？

项目四　电商图像设计

任务 1　网店店标设计

 学习目标

- 能用各种形状工具进行复杂图形的绘制。
- 熟练掌握路径的布尔运算操作。
- 掌握路径形状的填色和描边方法。

任务分析

　　店标是网店视觉传达的主要形象之一，是一种"视觉语言"。在网店的日常推广运营中，店标是向顾客视觉传达信息的重要元素，有着不可忽视的作用。某电商"汇精展示用品"准备对店面进行装修改造，要求对该网店店标进行重新设计。本任务要求根据该网店的经营特点和店主的需求，设计制作"汇精展示用品"店标，如图 4-1-1 所示。

图 4-1-1　"汇精展示用品"店标

店标是店面标志的图形记号，一般由图案、颜色和文字构成，用于表达商家的核心诉求。常见的店标分为静态店标和动态店标两大类，静态店标分为文字型、图案型和组合型3类。本任务制作的店标即为静态店标。"汇精展示用品"店标的图案主要由同一个圆形上的4段圆环、4个直角和4个长方形构成。在使用 Photoshop 设计此店标时，首先使用椭圆工具和路径布尔运算绘制外形，然后使用路径选择工具绘制直角，使用矩形工具绘制长方形，依次将形状填充颜色，最后添加说明文字。本任务的学习重点是路径的布尔运算操作。

1. 新建图像文件

单击"文件"菜单中的"新建"命令，弹出"新建"对话框，设置参数如下：名称为"网店店标"，宽度为300像素，高度为300像素，分辨率为72像素/英寸，颜色模式为RGB颜色、16位，背景内容为白色，如图 4-1-2 所示。设置完成后，单击"确定"按钮。

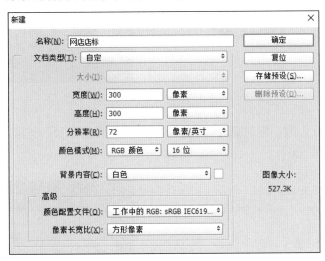

图 4-1-2　新建图像文件

2. 绘制中心参考线

（1）单击"视图"菜单中的"标尺"命令或按"Ctrl+R"键，打开标尺。

（2）在上方标尺处按住鼠标左键不放，向下拖动参考线至画布中线处，当其主动吸附至中线处时松开鼠标左键。

（3）在左侧标尺处按住鼠标左键不放，向右拖动参考线至画布中线处，当其主动吸附至中线处时松开鼠标左键。

3. 使用椭圆工具绘制外形

（1）新建图层。单击图层面板中的"创建新图层"按钮，生成图层1。

（2）选中图层1，单击工具箱中的"椭圆工具"按钮，在工具选项栏中设置模式为"形状"，填充为蓝色，不描边，如图 4-1-3 所示。按住"Shift+Alt"键，在参考线交点处按住鼠标左键并拖动（以参考线的交点为圆心），在画面中绘制正圆，图层名称自动变为"椭圆 1"。

图 4-1-3 "椭圆工具"选项栏设置

（3）选中"椭圆 1"图层，按"Ctrl+J"键复制图层，选中复制的蓝色正圆，单击"椭圆工具"按钮，在工具选项栏中设置填充颜色为黄色（主要是把两个圆形区分开），按"Ctrl+T"键，出现自由变换控件，按住"Shift+Alt"键的同时，按住鼠标左键向圆形内拖曳自由变换控件右下角的控制点，制作蓝黄两个不同大小的同心圆，如图 4-1-4 所示，按"回车"键确定。

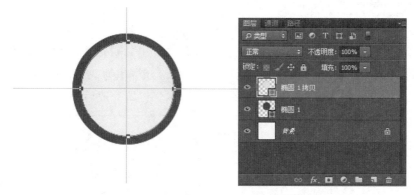

图 4-1-4 制作蓝黄同心圆

（4）按住"Shift"键，同时选中"椭圆 1"和"椭圆 1 拷贝"图层，按"Ctrl+E"键合并图层，如图 4-1-5 所示。

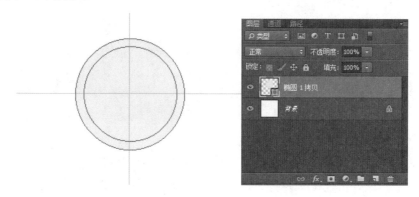

图 4-1-5 合并图层

（5）单击工具箱中的"路径选择工具"按钮，单击黄色小圆形，选中路径，在工具选项栏中单击"路径操作"按钮，在其下拉菜单（图 4-1-6）中选择"减去顶层形状"，如图 4-1-7 所示。

图 4-1-6 "路径操作"下拉菜单

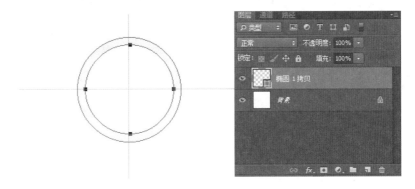

图 4-1-7 减去顶层形状

4. 使用路径布尔运算修剪外形

（1）在图层的最上方新建图层，单击工具箱中的"矩形工具"按钮，在工具选项栏中设置模式为"形状"，填充为蓝色，不描边。绘制矩形，以竖向参考线和圆形的中心点为吸附中轴，生成"矩形 1"图层。选中"矩形 1"图层，按"Ctrl+J"键复制图层，生成"矩形 1 拷贝"图层。选中该图层，按"Ctrl+T"键，在工具选项栏"旋转"选项中输入"90"，按"回车"键确认。用移动工具将横着的矩形调整到和下方的圆形横向、竖向居中对齐，如图 4-1-8 所示。

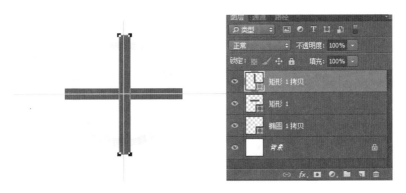

图 4-1-8 图形对齐

（2）按住"Shift"键，同时选中"矩形 1 拷贝"矩形 1 "椭圆 1 拷贝"3 个图层，按"Ctrl+E"键合并图层，如图 4-1-9 所示。单击工具箱中的"路径选择工具"按钮，选择其中的一个矩形路径，在工具选项栏中单击"路径操作"按钮，在其下拉菜单中选择"减去顶层形状"。用"路径选择工具"选择另一个矩形路径进行同样的操作。修剪后的效果如图 4-1-10 所示。

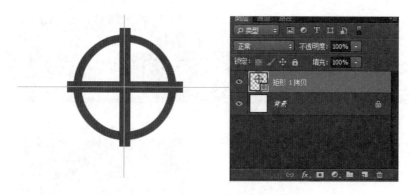

图 4-1-9　合并图层

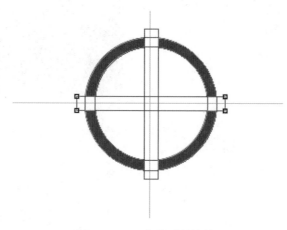

图 4-1-10　修剪后的效果

（3）单击工具箱中的"路径选择工具"按钮，按住鼠标左键在画面中从左上方向右下方拖曳，框选所有的路径，在工具选项栏中单击"路径操作"按钮，在其下拉菜单中选择"合并形状组件"，如图 4-1-11 所示。

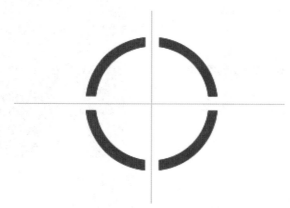

图 4-1-11　合并形状组件

5. 绘制圆形内的图形

（1）新建图层，单击工具箱中的"矩形工具"按钮，在新建图层中按住"Shift"键绘制一个正方形，按"Ctrl+T"键，在工具选项栏"旋转"选项中输入"45"，按"回车"键确认，如图4-1-12所示。

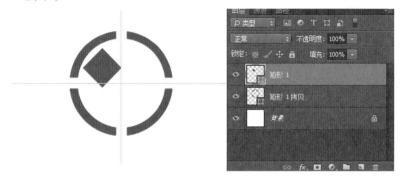

图4-1-12　绘制正方形

（2）选中"矩形1"图层，按"Ctrl+J"复制该图层，单击工具箱中的"矩形工具"按钮，在工具选项栏中设置填充颜色为黄色，用移动工具将黄色正方形移到合适的位置，如图4-1-13所示。按住"Shift"键，同时选中"矩形1"和"矩形1拷贝2"图层，在工具选项栏中单击"顶对齐"，按"Ctrl+E"键合并图层，如图4-1-14所示。

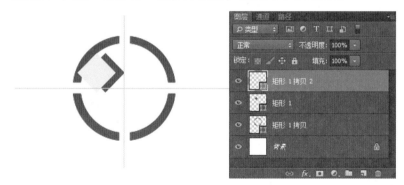

图4-1-13　绘制黄色正方形并移至合适的位置

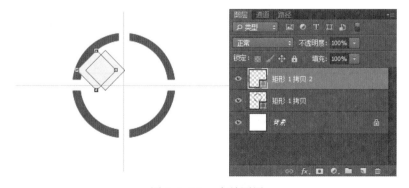

图4-1-14　合并图层

（3）单击工具箱中的"路径选择工具"按钮，选中上层的黄色正方形路径，在工具选项栏中单击"路径操作"按钮，在其下拉菜单中选择"减去顶层形状"，如图4-1-15所示。

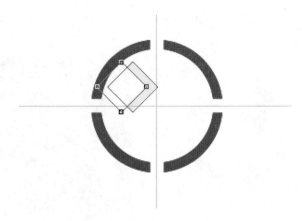

图 4-1-15 减去顶层形状

（4）单击工具箱中的"路径选择工具"按钮，按住鼠标左键在画面中从两个正方形的左上方向右下方拖曳，框选两个正方形的所有路径，在工具选项栏中单击"路径操作"按钮，在其下拉菜单中选择"合并形状组件"，合并生成组合图形。

（5）移动刚修剪的图形，将其对齐到弧的中部，如图 4-1-16 所示。

（6）选中"矩形 1 拷贝 2"图层，按"Ctrl+T"键，出现自由变换控件，按住"Alt"键，同时按住鼠标左键拖动自由变换控件的中心点到两条参考线的交点上，如图 4-1-17 所示。

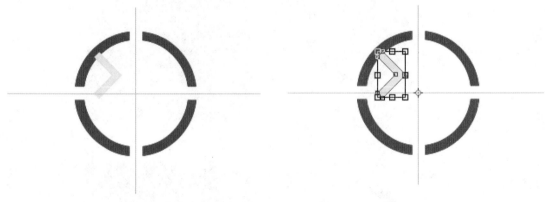

图 4-1-16 对齐图形   图 4-1-17 调整自由变换控件的中心点到两条
                                          参考线的交点上

（7）在工具选项栏"旋转"选项中输入"90"，按"回车"键确认。

（8）按"Ctrl+Shift+Alt+T"键 3 次，复制并旋转该图形，如图 4-1-18 所示。

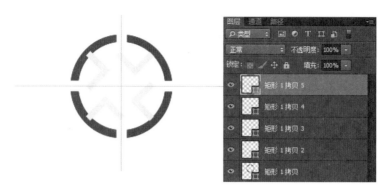

图 4-1-18　复制并旋转图形

（9）选中除背景图层外的所有图层，按"Ctrl+E"键合并图层，单击工具箱中的"路径选择工具"按钮，按住鼠标左键在画面中从左上方向右下方拖曳，框选所有图形的路径。在工具选项栏中单击"路径操作"按钮，在其下拉菜单中选择"合并形状组件"，如图 4-1-19 所示。

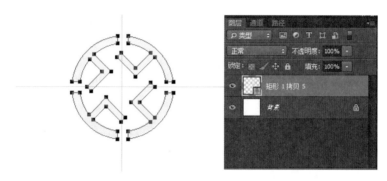

图 4-1-19　合并形状组件

（10）新建图层，在图层中用矩形工具绘制一个蓝色矩形，并把它旋转 -45°，用移动工具将矩形调整到合适的位置，如图 4-1-20 所示。

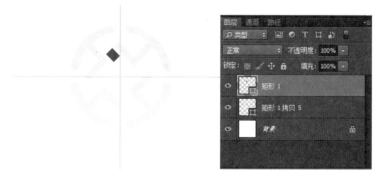

图 4-1-20　绘制蓝色矩形并调整到合适的位置

（11）按"Ctrl+T"键，出现自由变换控件，按住"Alt"键，同时按住鼠标左键拖动自由变换控件的中心点到两条参考线的交点上，在工具选项栏"旋转"选项中输入"90"，按"回车"键确认。按"Ctrl+Shift+Alt+T"键 3 次，复制并旋转该图形。

（12）选中"矩形 1"图层，用移动工具将蓝色矩形调整到合适的位置。用同样的方法分别选中其他 3 个蓝色矩形图层，用移动工具调整其位置，如图 4-1-21 所示。

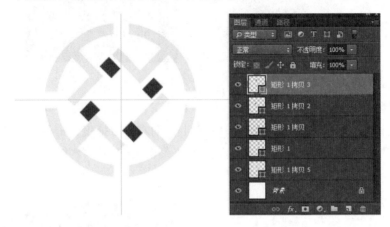

图 4-1-21　绘制并调整蓝色矩形的位置

（13）依次将形状填充颜色设置为蓝色（#425daa）、红色（#ff0000）、橙色（#bc912c）、黄色（#ffff00）、绿色（#599140），如图 4-1-22 所示。

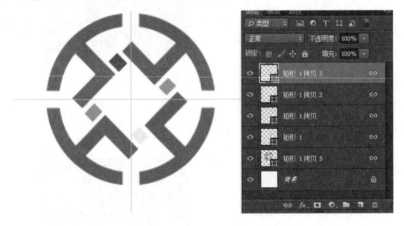

图 4-1-22　填充颜色效果

6.　添加文字

（1）单击"横排文字工具"按钮，在绘图区单击输入"汇精展示用品"，设置字体为方正正中黑简体，大小为 10 像素，颜色为黑色。

（2）按住"Ctrl"键，分别选中文字图层和背景图层，在工具选项栏中单击"水平居中对齐"按钮，使文字图案水平居中对齐，效果如图 4-1-1 所示。

7. 保存图像文件

网店店标图片格式一般为 GIF、PNG 或 JPEG。在图层面板隐藏背景后，单击"文件"菜单中的"存储为"命令，在弹出的"另存为"对话框中选择以 PNG 格式保存。也可以使用"文件"菜单下"导出"子菜单中的"存储为 Web 所用格式"命令，以便在图片品质和文件大小之间做好平衡。完成后退出 Photoshop CC 2015。

注意事项

1.店标在海报和横幅中时，需要放置在其他颜色或花色的背景上，存储透明背景的 PNG 格式更方便今后使用。

2.组合键"Ctrl+Shift+Alt+T"的作用是重复并复制上一次的变换。

3.在设计标志的过程中，如果需要创建比较复杂的形状或选区，通常使用路径，因为路径比选区更加精确、灵活。

4.路径选择工具和直接选择工具在用法上的主要区别：前者是对整条路径进行操作，后者是对路径内部的锚点进行操作。

相关知识

一、路径布尔运算

路径可以进行相加、相减的布尔运算。操作方法：先绘制一个路径或形状，如图 4-1-23 所示，在工具选项栏中单击"路径操作"按钮，在其下拉菜单中选择一种运算方式，如图 4-1-24 所示，然后绘制另一个形状，即可得到布尔运算结果。路径的运算与形状对象的运算结果是一样的，路径操作方式有以下几种：

✔ ▢ 新建图层
🔲 合并形状
🔲 减去顶层形状
🔲 与形状区域相交
🔲 排除重叠形状
_____
🔲 合并形状组件

　　图 4-1-23　绘制图形效果　　　　　　图 4-1-24　"路径操作"下拉菜单

（1）新建图层▢：默认选项为新建图层，自动在新图层中绘制新图形。

（2）合并形状🔲：将新绘制的图形添加到原有的图形中，如图 4-1-25 所示。

（3）减去顶层形状🔲：可以从原有的图形中减去新绘制的图形，如图 4-1-26 所示。

（4）与形状区域相交🔲：可以得到新图形与原有图形的交叉区域，如图 4-1-27 所示。

（5）排除重叠形状 ：可以得到新图形与原有图形重叠部分以外的区域，如图 4-1-28 所示。

图 4-1-25　合并形状

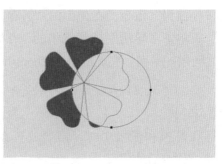

图 4-1-26　减去顶层形状

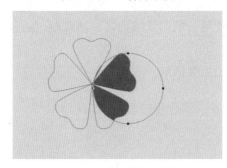

图 4-1-27　与形状区域相交

图 4-1-28　排除重叠形状

（6）合并形状组件 ：可以将新图形与原有图形合并为一个形状组件。

二、路径选择工具

"路径选择工具"选项栏如图 4-1-29 所示。

路径操作　路径排列方式

路径对齐方式

图 4-1-29　"路径选择工具"选项栏

1. 对齐、分布路径

对齐与分布可以对路径或者形状中的路径进行操作。使用"路径选择工具" 选择多个路径，然后单击工具选项栏中的"路径对齐方式"按钮，在其下拉菜单中对所选的路径进行对齐、分布设置。

2. 调整路径排列方式

当文件中包含多个路径时，路径的上下顺序会影响画面的效果，此时需要调整路径的堆叠顺序。先选择路径，单击工具选项栏中的"路径排列方式"按钮，在其下拉菜单中选择相应的命令，可以将选中的路径的层次关系进行相应的排列。

思考练习

一、操作题

试为某经营土特产的网店设计并制作一个店标 LOGO，并说明设计思路和制作步骤。

二、简答题

1. 路径布尔运算有哪几种操作?

2. 如何设置形状的无描边效果、描边颜色、描边线粗和描边选项?

3. 可以使用哪些工具来移动路径和形状并调整它们的大小?

4. 常见的网店店标分为哪几种类型?

任务 2 网店店招设计

学习目标

- 能熟练使用矩形工具和文字工具设计店招背景。
- 能熟练使用置入嵌入的智能对象命令。
- 掌握图层在店招设计与制作中的应用。
- 熟悉对齐与分布的类型。

任务分析

店招就是商店的招牌，网店店招主要用于展示店铺名称和经营特色，以达到宣传店铺的目的。店招设计与制作要做到新颖、醒目和简明，既要做到引人瞩目，又要与店面设计融为一体，即制作出与经营内容一致的风格，以增强招牌的感召力。本任务要求为网店"汇精展示用品"设计店招，如图 4-2-1 所示。

图 4-2-1 店招效果

网店中的店招设计十分重要。店招如果设计得好，可以带来更多的关注度，从而提升网店的影响力。"汇精展示用品"店招主要由矩形背景图、店标 LOGO、小图标和文字说明组成。在使用 Photoshop 进行设计时，首先使用矩形工具和移动工具制作背景外形，然后置入不同的背景图片制作背景，最后导入店标和小图标，并添加说明文字。本任务的学习重点是店招设计的要点和基本思路。

任务实施

1. 新建图像文件

单击"文件"菜单中的"新建"命令，弹出"新建"对话框，设置宽度为 950 像素，高度为 150 像素，分辨率为 72 像素 / 英寸，颜色模式为 RGB 颜色、8 位，背景内容为白色。

设置完成后，单击"确定"按钮。

2. 制作背景

（1）单击工具箱中的"油漆桶工具"按钮，然后单击"设置前景色"按钮，设置颜色为#ebece6，填充背景为浅灰色，如图 4-2-2 所示。

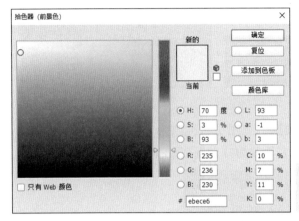

图 4-2-2　填充背景色

（2）新建图层 1，单击工具箱中的"矩形工具"按钮，在工具选项栏中设置模式为"形状"、颜色为 #1a305d，在画布上绘制一个矩形。按"Ctrl+T"键，出现自由变换控件，按住"Ctrl+Shift"键，选中矩形左上角的控制点向右水平拖动，按"回车"键确定，如图 4-2-3所示。

图 4-2-3　绘制矩形并调整其形状

（3）按"Ctrl+J"键复制"矩形 1"图层，生成"矩形 1 拷贝"图层。

（4）选中"矩形 1"图层，设置前景色为 #a4c7e3，按"Alt+Delete"键填充前景色。单击"移动工具"按钮，按"←"键将矩形向左移动 10 像素（单独按"←"键，每次移动1px；按住"Shift"键，按"←"键一次，移动 10 px），如图 4-2-4 所示。

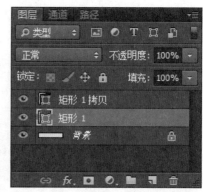

图 4-2-4 左移矩形效果

（5）将背景图层作为当前图层，新建图层，将图层名称改为"素材 1"。将"矩形 1 拷贝"图层作为当前图层，新建图层，将图层名称改为"素材 2"，如图 4-2-5 所示。

图 4-2-5 新建图层

（6）选中"素材 1"图层，单击"文件"菜单中的"置入嵌入的智能对象"命令，导入"素材 1"图片，调整图片的大小和位置，按"回车"键确定。

（7）用同样的方法导入"素材 2"图片，效果如图 4-2-6 所示。

图 4-2-6 导入素材效果

（8）选中"素材 2"图层，按"Ctrl"键单击图层面板中的"矩形 1 拷贝"图层缩览图，选取"矩形 1 拷贝"图层选区，单击图层面板下方的"添加图层蒙版"按钮，为"素材 2"图层添加蒙版，效果如图 4-2-7 所示。

图 4-2-7　添加图层蒙版效果

（9）选中"素材 1"图层，在图层面板中设置不透明度为 75%。

3．导入店标

（1）新建图层，图层名称为"LOGO"，单击"文件"菜单中的"置入嵌入的智能对象"命令，导入"logo.png"店标图标。

（2）按"Ctrl+T"键，出现自由变换控件，按住"Alt+Shift"键，向左上方拖曳右下方的控制点，使店标图标大小合适，按"回车"键确定。用移动工具将店标图标调整到合适的位置，如图 4-2-8 所示。

图 4-2-8　导入店标并调整到合适的位置

4．输入文字

（1）单击"横排文字工具"按钮，在工具选项栏中设置字体为方正大黑简体，大小为100 点，输入"汇聚精品　展示精彩"。若需调整文字的大小，可以按"Ctrl+T"键，按住"Shift"键，拖曳四个顶角控制点中的任意一个按比例放大或缩小。

（2）单击"横排文字工具"按钮，选中"汇聚精品"，将文字颜色设置为 #1a305d；选中"展示精彩"，将文字颜色设置为 #ebece6。

（3）单击"横排文字工具"按钮，输入"专注于商品展示拍摄方案"，按"Ctrl+T"键对文字进行自由变换，调整文字的大小和位置，将文字颜色设置为 #0d4f18，再切换到字符和段落面板中调整字间距，如图 4-2-9 所示。

图 4-2-9　输入文字效果

5. 导入小图标

（1）新建3个图层，选中"图层1"，单击"文件"菜单中的"置入嵌入的智能对象"命令，导入素材"小图标-1.psd"。用同样的方法，分别导入素材"小图标-2.psd"和"小图标-3.psd"。按住"Shift"键同时选中"小图标-1.psd""小图标-2.psd"和"小图标-3.psd"图层，按"Ctrl+T"键，按住"Shift+Alt"键，拖曳四个顶角控制点中的任意一个按比例调整三个图标的大小。

（2）单击"移动工具"按钮，按"Ctrl+T"键，出现自由变换控件，在工具选项栏中单击"垂直居中对齐"按钮和"水平居中分布"按钮，将三个小图标移到合适的位置，如图4-2-10所示。

图4-2-10　导入小图标并调整到合适的位置

（3）单击"横排文字工具"按钮，在小图标对应的位置分别输入"专业厂家""诚信经营""品质保证"，字体为黑体，颜色为白色，用移动工具调整好文字的大小和位置，效果如图4-2-1所示。

6. 保存图像文件

在图层面板隐藏背景后，单击"文件"菜单中的"存储为"命令，在弹出的对话框中选择以PNG格式保存。完成后退出Photoshop CC 2015。

注意事项

1.使用自由变换命令进行变换的操作方法：单击"编辑"菜单中的"自由变换"命令（或按"Ctrl+T"键），出现自由变换控件，将光标移到角点处的控制点上，当光标变成▨后拖曳可以进行缩放，当光标变成↻后拖曳可以进行旋转，按"Ctrl"键拖曳控制点可以进行斜切、扭曲等操作。

2.使用"横排文字工具"创建的文字无法自动换行，需按"回车"键手动换行。

3.双击文字图层的缩览图即可选中该文字图层中的所有文字。

4.在输入文字的过程中，如果要移动文字的位置，可以将光标移到文字的附近，当光标变成▸后，按住鼠标左键拖曳调整文字的位置。

相关知识

一、网店店招的类型

常见的网店店招有以下三种类型：

（1）标准型：将店铺 LOGO、店名和主营业务等元素全部展示出来。

（2）普通型：主要展示店名和商品关键词这两个元素，突出销售产品。

（3）营销型：主要展示品牌推广和主营业务，吸引买家点击浏览。

二、对齐与分布

在处理图像时，经常要将图像进行对齐和分布设置。在 Photoshop 中，图层的对齐方式有顶对齐、底对齐、左对齐、右对齐、垂直居中对齐和水平居中对齐，图层的分布方式有按顶分布、垂直居中分布、按底分布、按左分布、水平居中分布和按右分布。

1. 对齐图层

操作方法：选中多个需要对齐的图层，单击"移动工具"按钮，在工具选项栏中选择相应的对齐方式进行设置，如图 4-2-11 所示。

图 4-2-11　图层的对齐与分布

选项栏中的对齐方式如下：

顶对齐：将所选图层最顶端的像素与当前图层最顶端的中心像素对齐。

垂直居中对齐：将所选图层的中心像素与当前图层垂直方向的中心像素对齐。

底对齐：将所选图层最底端的像素与当前图层最底端的中心像素对齐。

左对齐：将所选图层的中心像素与当前图层左边的中心像素对齐。

水平居中对齐：将所选图层的中心像素与当前图层水平方向的中心像素对齐。

右对齐：将所选图层的中心像素与当前图层右边的中心像素对齐。

2. 分布图层

分布是将所选的图层以上下、左右两端的对象为起点和终点，将所选图层在此范围内的图像进行均匀的排列，得到图层之间距离相等的效果。

操作方法：选中要进行分布的图层，单击"移动工具"按钮，在工具选项栏中选择相应的分布方式进行设置。

选项栏中的分布方式如下：

按顶分布：将平均每一个对象顶部基线之间的距离。

垂直居中分布：将平均每一个对象水平中心基线之间的距离。

按底分布：将平均每一个对象底部基线之间的距离。

按左分布：将平均每一个对象左侧基线之间的距离。

水平居中分布：将平均每一个对象垂直中心基线之间的距离。

按右分布：将平均每一个对象右侧基线之间的距离。

思考练习

一、操作题

试为一家流行鞋网店设计一个店招。

二、简答题

1. 为图层添加蒙版，如何显示和隐藏图层中的局部内容？

2. 如何将对象居中对齐和平均分布间距？

3. 可以使用哪些工具来移动路径和形状并调整它们的大小？

任务 3　网店详情页设计

学习目标

- 能熟练运用渐变工具。
- 掌握一定的图文排版和配色技巧。
- 能熟练运用画笔工具、直线工具、椭圆工具、圆角矩形工具、矩形工具及自定形状工具等绘制图形。
- 能灵活运用图层蒙版、图层样式及滤镜功能制作图像特效。
- 掌握网店详情页的设计思路和基本方法。

任务分析

一个好的产品需要有好的网店详情页来支撑，详情页是提高转化率的入口，是店铺产品能否交易成功的关键因素，成功的详情页可以有效地吸引客户并激发购买欲望。本任务要求对"汇精展示用品"网店的详情页进行设计，效果如图 4-3-1 所示。

详情页包含的主要元素有商品焦点图、商品展示图、商品基本信息和商品细节图。首先利用工具栏中的矩形工具和钢笔工具将详情页分为上、中、下三个部分；然后用文字工具对上下两部分导入的商品图进行文字说明，展示商品的优势和基本信息，详情页的中间部分通过导入图片，使用文字工具对商品的功能进行详细说明；最后对详情页背景中的图片进行滤镜处理，得到最终效果。本任务的学习重点是各种绘图工具在详情页设计中的灵活运用及网店详情页的设计思路和基本方法。

图 4-3-1　网店详情页效果

1. 新建图像文件

单击"文件"菜单中的"新建"命令，弹出"新建"对话框，设置宽度为 750 像素，高度为 1 800 像素，分辨率为 72 像素 / 英寸，颜色模式为 RGB 颜色、8 位，背景内容为白色。设置完成后，单击"确定"按钮。

2. 绘制中心参考线

（1）单击"视图"菜单中的"标尺"命令或按"Ctrl+R"键，打开标尺。

（2）在上方标尺处按住鼠标左键不放，分别向下拖动参考线至画布上边缘、中线处和下边缘，当参考线自动吸附至上边缘、中线处和下边缘时松开鼠标左键。

（3）在左侧标尺处按住鼠标左键不放，分别向右拖动参考线至画布左边缘、中线处和右边缘，当参考线自动吸附至左边缘、中线处和右边缘时松开鼠标左键。绘制参考线效果如图 4-3-2 所示。

图 4-3-2　绘制参考线效果

3. 制作背景

（1）新建图层 1，单击"矩形选框工具"按钮，吸附参考线绘制上半部分选框。

（2）单击"渐变工具"按钮，在工具选项栏中设置渐变类型为"线性渐变"，在"渐变编辑器"对话框中编辑渐变颜色，将渐变色条左边的色标设置为 #eae9e2，右边的色标设置为 #cbd5d5，从选区的左上角向右下角拖曳进行填充。按"Ctrl+D"键取消选区，如图 4-3-3 所示。

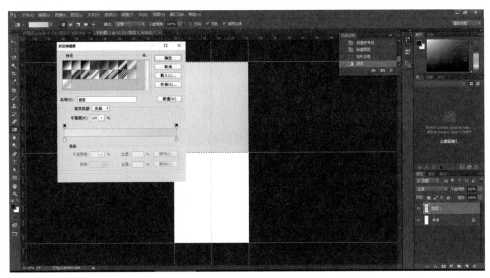

图 4-3-3　上半部分填充渐变色

（3）新建图层 2，单击"矩形选框工具"按钮，吸附参考线绘制下半部分选框。

（4）单击"渐变工具"按钮，在工具选项栏中设置渐变类型为"线性渐变"，在"渐变编辑器"对话框中编辑渐变颜色，将渐变色条左边的色标设置为 #e7e6dd，右边的色标设置为 #b9c7c8，从选区的左上角向右下角拖曳进行填充。按"Ctrl+D"键取消选区，如图 4-3-4 所示。

4. 导入商品

（1）新建图层，命名为"展台 1"，单击"文件"菜单中的"置入嵌入的智能对象"命令，导入"展台 1.png"，用"移动工具"调整好图像的位置，按"Ctrl+T"键，出现自由变换控件，用鼠标拖曳控制点，以调整图像的大小。

（2）新建图层，命名为"展台 2"，用步骤（1）的方法导入"展台 2.png"并调整图像的大小，如图 4-3-5 所示。

图 4-3-4　下半部分填充渐变色　　　　　图 4-3-5　导入商品

5. 为商品图片制作阴影效果

（1）按住"Ctrl"键，单击"展台 1"图层左边的图层缩览图，选中图像选区。

（2）新建图层，将新建的图层移到"展台 1"图层的下方。

（3）单击"渐变工具"按钮，在工具选项栏中设置渐变类型为"线性渐变"，在"渐变编辑器"对话框中编辑渐变颜色，在"预设"中选择"前景色到透明渐变"，前景色设置为黑色，在选区内从左到右拖曳，按"Ctrl+D"键取消选区。

（4）对阴影图层进行变形。按"Ctrl+T"键，出现自由变换控件，按住"Ctrl"键拖曳调整控制点，图像右下方形成阴影效果，如图 4-3-6 所示。

（5）单击"滤镜"菜单中的"模糊"命令，选择"高斯模糊"，设置半径为 7 像素。

（6）参照上面的步骤为"展台 2"图层添加阴影效果，如图 4-3-7 所示。

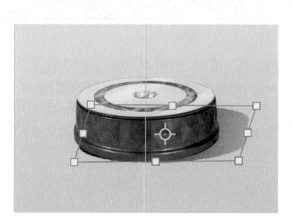

图 4-3-6　形成阴影效果

图 4-3-7　为"展台 2"图层添加阴影效果

6. 绘制图形

（1）新建图层，命名为"形状"，单击"矩形工具"按钮，在工具选项栏中设置模式为"形状"，填充颜色为 #043b5b，无描边，*W*=750 像素，*H*=356 像素，如图 4-3-8 所示。在画布中绘制矩形，单击"移动工具"按钮，将矩形移到合适的位置，如图 4-3-9 所示。

图 4-3-8　固定大小设置

（2）单击"直接选择工具"按钮，单击矩形左上角的锚点，向下垂直拖动到适当的位置；单击矩形左下角的锚点，拖动到适当的位置。

（3）单击钢笔工具组中的"添加锚点工具"按钮，在矩形上方右侧适当的位置添加锚点，并调节锚点，使矩形右侧变形，用同样的方法制作左侧变形效果，如图 4-3-10 所示。

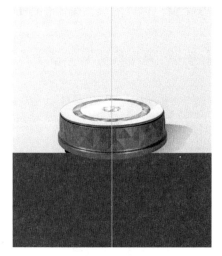 

图 4-3-9　绘制矩形并移动到合适的位置　　　图 4-3-10　添加锚点变形效果

（4）单击"形状"图层，按"Ctrl+J"键复制形状图层，生成"形状 拷贝"图层，将"形状 拷贝"图层移至"形状"图层下方。用"移动工具"将图形调整到合适的位置，设置填充颜色为 #93cbe3，如图 4-3-11 所示。

（5）单击"形状 拷贝"图层，按"Ctrl+J"键复制生成"形状 拷贝 2"图层，用"移动工具"将图形调整到合适的位置，如图 4-3-12 所示。

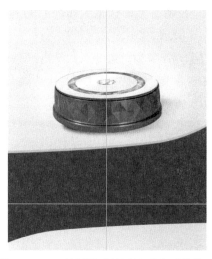 

图 4-3-11　复制图形并调整到合适的位置　　　图 4-3-12　变形调整后的效果

（6）新建图层，命名为"窗户"，将"窗户"图层移至"展台 1"阴影图层的下方。单击"矩形工具"按钮，在工具选项栏中设置模式为"形状"，填充颜色为 #f3f4f0，无描边，在图像的左侧绘制矩形。按住"Ctrl"键拖曳"窗户"图层到图层面板的"创建新图层"按钮上，生成 3 个窗户拷贝图层。

（7）按住"Ctrl"键，选中"窗户"图层及 3 个窗户拷贝图层，单击"直接选择工具"按钮；按住"Ctrl"键，选中锚点，将"窗户"图形调整为透视形状，绘制窗户的投影，如

图 4-3-13 所示。

（8）按住"Ctrl"键，选中"窗户"图层及 3 个窗户拷贝图层，按"Ctrl+E"键合并图层。

（9）单击"滤镜"菜单中的"模糊"命令，选择"高斯模糊"，设置半径为 8.2 像素，效果如图 4-3-14 所示。

图 4-3-13　窗户投影效果　　　　　图 4-3-14　高斯模糊效果

（10）在"展台 1"阴影图层的下方新建图层，命名为"不透明度"。单击"椭圆选框工具"按钮，在工具选项栏中设置羽化为 30 像素，在画布上框选稍大于商品的椭圆，填充为白色，设置图层不透明度为 60%，效果如图 4-3-15 所示。

（11）在"展台 2"阴影图层的下方新建图层，命名为"画笔"。单击"画笔工具"按钮，在工具选项栏中设置画笔为柔边圆，画笔大小为 100，硬度为 0%，从"展台 2"的左上方向右下方画两条线，模拟光线，效果如图 4-3-16 所示。

图 4-3-15　设置不透明度效果　　　　　图 4-3-16　光线效果

（12）选中"画笔"图层，为图层添加矢量蒙版，单击"图层蒙版缩览图"，再单击"画笔工具"按钮，设置画笔为柔边圆，前景色为黑色，在光线的下方涂抹，以达到渐隐效果。

7. 输入文字

（1）单击"横排文字工具"按钮，输入文字"LED炫彩旋转展台"，在工具选项栏中设置字体为方正大黑简体，大小为67点，颜色为#094060。输入文字"轻松应对各种产品拍摄"，在工具选项栏中设置字体为黑体，大小为18点，颜色为黑色。输入文字"七彩炫光 炫出光彩"，在工具选项栏中设置字体为黑体，大小为26点，颜色为#beb176。输入文字"真正的产品拍摄解决方案"，在工具选项栏中设置字体为方正启体简体，大小为19点，颜色为#686746。将以上四个文字图层的文字对齐画布，水平居中对齐，效果如图4-3-17所示。

（2）单击"横排文字工具"按钮，输入文字"产品参数"，在工具选项栏中设置字体为黑体，大小为57点，颜色为#043b5b。输入文字"细节是我们的追求"，在工具选项栏中设置字体为黑体，大小为17像素，颜色为黑色。

（3）单击"横排文字工具"按钮，按住鼠标左键在画布上拖曳出段落文本框，输入文字"尺寸：（直径 * 高）23cm*6cm，电压：USB通用电源，旋转方式：双向，最大承重：8kg"，在工具选项栏中设置字体为黑体，大小为24点，颜色为#847e6c，行间距为43点，文本左对齐。所有文字图层对齐画布，水平居中对齐，效果如图4-3-18所示。

图 4-3-17　上面商品文字效果

图 4-3-18　下面商品文字效果

（4）新建图层，单击"直线工具"按钮，在工具选项栏中设置填充颜色为#bfcec5，高度为3像素，按住"Shift"键，用"直线工具"在段落文本第一行的下方绘制长度适当的直线。按住"Alt"键，选中绘制的直线向下拖曳复制3条直线，并将其调整到适当的位置。按住"Ctrl"键，分别单击选中4条直线所在的图层，单击"移动工具"按钮，在工具选项栏中选择左对齐、垂直居中分布，按"Ctrl+E"键合并图层，效果如图4-3-19所示。

（5）绘制标注线段。新建图层，在"展台2"商品右侧和下方绘制表示高度和宽度位置的 4 条参考线。单击"直线工具"按钮，在工具选项栏中设置填充颜色为黑色，粗细为 3 像素，按住"Shift"键绘制水平直线。

（6）新建图层，单击"自定形状工具"按钮，在工具选项栏的"形状"项中选择箭头图标，绘制箭头。复制箭头图层，按"Ctrl+T"键，右击选择"水平翻转"，把箭头放置在直线的两端，水平居中对齐。选中箭头和直线 3 个图层，按"Ctrl+E"键合并图层。在下方输入文字"23cm"，在工具选项栏中设置字体为黑体，大小为 18 点，调整好大小和位置。

（7）用同样的方法绘制垂直标高，并输入文字"6cm"，如图 4-3-20 所示。

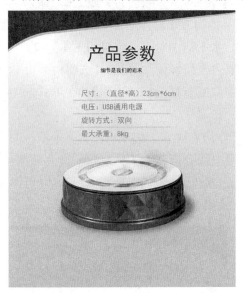
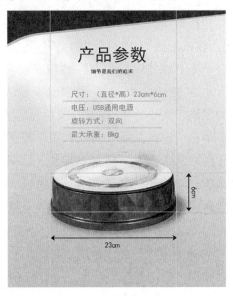

图 4-3-19　绘制直线效果　　　　　　　图 4-3-20　标注线段效果

8. 绘制装饰线

（1）新建图层，单击"圆角矩形工具"按钮，在工具选项栏中设置无填充颜色，描边为 3 像素，描边颜色为 #185e19。在如图 4-3-21 所示的位置绘制圆角矩形，在属性面板设置四个角的圆角半径为 10 像素。

（2）单击"添加锚点工具"按钮，在圆角矩形上下边线处文字边缘各添加两个锚点。单击"直接选择工具"按钮，依次单击要删除的线段，按"Delete"键删除。

（3）新建图层，单击"椭圆工具"按钮，按住"Shift"键绘制正圆，按"Ctrl+T"键调整好大小。单击"移动工具"按钮，按"Alt"键复制 3 个正圆到合适的位置，效果如图 4-3-22 所示。

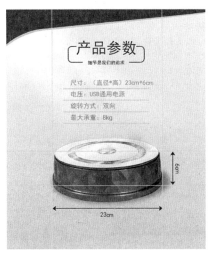

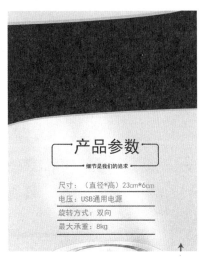

图 4-3-21　绘制圆角矩形　　　　　　图 4-3-22　绘制正圆效果

（4）新建图层，单击"圆角矩形工具"按钮，在工具选项栏中设置填充颜色为 #185e19，无描边，圆角半径为 10 像素，绘制圆角矩形。

（5）新建图层，单击"椭圆工具"按钮，按住"Shift"键在适当的位置绘制正圆，设置填充颜色为 #185e19。选中圆角矩形和正圆两个图层，单击"移动工具"按钮，在工具选项栏中单击"垂直居中对齐"按钮，按"Ctrl+E"键合并图层，效果如图 4-3-23 所示。

（6）新建图层，单击"矩形工具"按钮，在工具选项栏中设置无填充颜色，描边为 7 像素，描边颜色为 #d1e0e7，在画布上方绘制矩形，大小和位置如图 4-3-24 所示，画布水平居中对齐。按照步骤（2）的方法，删除文字边缘部分的线段。

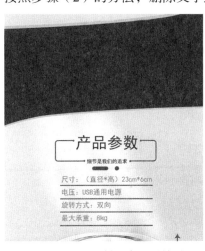

图 4-3-23　绘制组合图形效果　　　　图 4-3-24　绘制矩形

（7）新建图层，单击"自定形状工具"按钮，在工具选项栏的"形状"项中选择皇冠图形，在矩形框内的上方绘制皇冠，设置填充颜色为 #b0a169，画布水平居中对齐，如图 4-3-25 所示。

图 4-3-25　绘制皇冠

9．导入素材

素材包含图标、植物和音符素材。图标可以绘制，也可以导入。

（1）新建 9 个图层，分别单击"文件"菜单中的"置入嵌入的智能对象"命令，导入素材"图标 1.psd""图标 2.psd"……按"Ctrl"键选中要对齐的图标图层，单击工具箱中的"移动工具"按钮，将 9 个图层的图标进行微调，在工具选项栏中设置对齐与分布方式，"对齐"为垂直居中对齐，"分布"为水平居中分布，效果如图 4-3-26 所示。

图 4-3-26　小图标编辑效果

（2）单击"横排文字工具"按钮，在工具选项栏中设置字体为黑体，大小为 18 点，颜色为白色，在画布中分别输入"可蓄电""视频全景拍摄""360° 旋转""优质工程塑料""七彩氛围灯""8kg 承重""可调旋转角度""强大机芯""终身保修"。单击"移动工具"按钮，将 9 个文字图层的文字进行微调。在工具选项栏中设置对齐与分布方式，"对齐"为垂直居中对齐，"分布"为水平居中分布，效果如图 4-3-27 所示。

（3）新建图层，命名为"植物"，单击"文件"菜单中的"置入嵌入的智能对象"命令，导入"植物.png"。单击"移动工具"按钮，将"植物"图层拖曳至"展台 1"图层上方，将植物移至商品展台的左侧，并调整好位置和大小，如图 4-3-28 所示。

图 4-3-27 文字效果 图 4-3-28 置入植物

（4）选中"植物"图层，单击"滤镜"菜单中的"模糊"命令，选择"高斯模糊"，设置半径为 11 像素。

（5）按住"Alt"键，同时按住鼠标拖曳以复制植物。按"Ctrl+T"键，右击选择"水平翻转"，再右击选择"垂直翻转"。单击"移动工具"按钮，将翻转后的植物移至右侧的位置上，如图 4-3-29 所示。

（6）新建图层，命名为"音符"，单击"文件"菜单中的"置入嵌入的智能对象"命令，导入"音符素材.png"，按"Ctrl+T"键调整音符的大小，在工具选项栏中设置旋转角度为 30°，将其移至画布右侧合适的位置。拖曳"音符"图层至"展台 1"图层的下方，使音符图像在商品展台的右后方。

（7）双击图层面板中的"音符"图层，弹出"图层样式"对话框，勾选"渐变叠加"，单击"渐变叠加"设置界面中"渐变"右侧的颜色条，弹出"渐变编辑器"对话框，如图 4-3-30 所示，添加 4 个色标，分别设置色标的颜色为 # f6bf75、#d77185、#8766ac、#4150b1，角度为 90°，缩放为 127%，单击"确定"按钮，效果如图 4-3-31 所示。

图 4-3-29　为植物添加滤镜并复制、调整植物位置

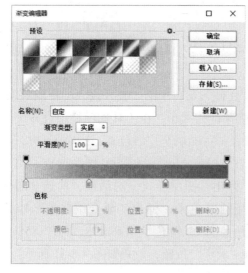

图 4-3-30　"渐变编辑器"对话框

图 4-3-31　音符图层样式效果

10. 保存图像文件

在图层面板隐藏背景后，单击"文件"菜单中的"存储为"命令，在弹出的对话框中选择以 PNG 格式保存。完成后退出 Photoshop CC 2015。

注意事项

1. 单击图层面板中的图层即选中一个图层；按住"Ctrl"键的同时单击其他图层即可选中多个图层。

2. 使用"移动工具"移动图像时，按住"Alt"键拖曳图像，可以复制图像并生成一个新图层。当图像中存在选区时，按住"Alt"键拖曳图像，可以复制图像而不会产生新图层。

3. 图像形状变换按"Ctrl+T"键，缩放按"Shift"键，将光标放在角点上拖曳可以等比例缩放图像，在缩放时按住"Alt"键可以以中心点为基准缩放图像，按住"Ctrl"键拖曳控制点可以进行斜切、扭曲操作。

相关知识

一、网店详情页的尺寸要求

适合计算机端的网店商品详情页其图片宽度一般不超过 750 像素，容量一般不超过 2 MB。用于手机端的网店商品详情页其图片宽度要求为 480~1 242 像素，高度不超过 1 546 像素，图片总容量不超过 2 560 KB。

二、网店详情页的主要内容

（1）商品基本信息：网店详情页最基本的内容之一，主要用来介绍商品的名称、品牌、型号、结构、材质、作用、尺寸及质量等。

（2）商品展示图：精选少量商品图片用来展示商品，让顾客对商品建立直接印象。

（3）商品焦点图：通过挖掘商品的特点，表现商品的独特优势，呈现商品的卖点，吸引顾客。

（4）商品细节图：主要对商品的一部分关键细节进行详细描述，让顾客近距离地了解商品的优点。

三、模糊滤镜

在"滤镜"菜单的"模糊"子菜单中有 11 种用于模糊图像的滤镜。这些滤镜应用的场合各不相同，如"高斯模糊"是最常用的图像模糊滤镜；"模糊""进一步模糊"属于无参数模糊，适合于轻微模糊；"表面模糊""特殊模糊"常用于图像降噪；"动感模糊""径向模糊"可沿一定方向进行模糊；"方框模糊""形状模糊"是以特定的形状进行模糊；"镜头模糊"常用于模拟大光圈摄影效果；"平均"用于获取整个图像的平均颜色值。

下面重点介绍"高斯模糊""径向模糊"和"方框模糊"3 种滤镜。

1. 高斯模糊

高斯模糊是最常用、最重要的模糊滤镜，它可以向图像中添加低频细节，使图像产生一种朦胧的模糊效果。图 4-3-32 所示为素材，单击"滤镜"/"模糊"/"高斯模糊"，弹出"高斯模糊"对话框（图 4-3-33），设置半径为 10 像素，单击"确定"按钮，效果如图 4-3-34 所示。对话框中的半径参数调整用于计算指定像素平均值的区域大小，数值越大，产生的模糊效果越明显，多用在两个图层的混合模式中，或者对人物磨皮时使用。

图 4-3-32　素材

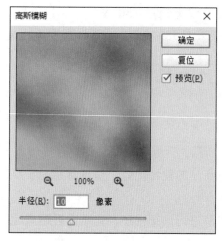

图 4-3-33　"高斯模糊"对话框

图 4-3-34　高斯模糊效果

2. 径向模糊

径向模糊是一种特殊的模糊滤镜，是模拟缩放或旋转相机时产生的模糊，可以将图像围绕一个指定的圆心，即沿着圆的圆周或半径方向进行模糊，从而产生一种柔化的模糊效果。

图 4-3-35 所示为素材，单击"滤镜"/"模糊"/"径向模糊"，弹出"径向模糊"对话框（图 4-3-36），设置完参数后，单击"确定"按钮，效果如图 4-3-37 所示。对话框中的参数含义如下：

（1）数量：设置模糊的程度。数值越大，模糊效果越明显。

（2）模糊方法：选择"旋转"时，图像可以沿同心圆环线产生旋转的模糊效果。选择

"缩放"时，图像可以从中心向外产生缩放的模糊效果。

（3）中心模糊：将光标放置在设置框中，用鼠标左键拖曳可以定位模糊的原点，原点位置不同，模糊中心也不同。

（4）品质：设置模糊效果的质量。"草图"处理速度快，但会产生颗粒效果；"好"和"最好"处理速度较慢，但生成的效果比较平滑。

图 4-3-35　素材

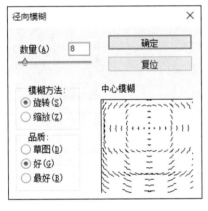

图 4-3-36　"径向模糊"对话框

图 4-3-37　径向模糊效果

3. 方框模糊

方框模糊是基于相邻像素的平均颜色值来模糊图像的，即用图像中相邻的像素来模糊图像。图 4-3-38 所示为素材，单击"滤镜"/"模糊"/"方框模糊"，弹出"方框模糊"对话框（图 4-3-39），设置半径为 6 像素，单击"确定"按钮，效果如图 4-3-40 所示。

图 4-3-38　素材

图 4-3-39　"方框模糊"对话框

图 4-3-40　方框模糊效果

思考练习

一、操作题

设计并制作一件商品的详情页。

二、简答题

1. 给图像对象填色除了运用油漆桶工具和渐变工具，还有什么方法？

2. 在渐变编辑器中如何设置多颜色的渐变效果？

3. 详情页由哪些元素构成？

任务 4　霓虹灯字设计

 学习目标

- 掌握电商中艺术字体的设计思路和方法。
- 能熟练运用快捷键进行图层的复制和移动。
- 进一步熟悉描边、内阴影、内发光、外发光、投影等图层样式的运用。

任务分析

文字是网店展示商品的重要形式，是传达商品信息的主要载体。文字可以对图片无法表述的内容进行补充说明，经过精心设计的艺术字体更加能吸引观众，增强视觉体验。艺术字体不管是在电商设计中还是在广告设计中，都有广泛的应用。它不仅能准确表达信息，还可以表达设计的主题和意图，展示图片的风格，起到一定的装饰作用。

本任务要求以"3.8"霓虹灯字的设计（图4-4-1）为例，介绍电商文字设计的基本思路和方法。霓虹灯字体的制作主要通过做出文字立体感，并叠加图层样式来实现。本任务的学习重点是运用图层设计电商特效文字。

图 4-4-1　"3.8"霓虹灯字效果

任务实施

1. 新建图像文件

单击"文件"菜单中的"新建"命令，弹出"新建"对话框，命名为"霓虹灯字效果"，

设置宽度为 800 像素，高度为 500 像素，分辨率为 72 像素 / 英寸，颜色模式为 RGB 颜色、8 位，背景内容为黑色，如图 4-4-2 所示。设置完成后，单击"确定"按钮。

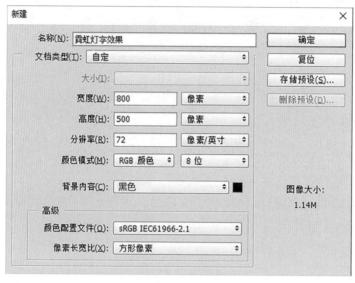

图 4-4-2　新建图像文件

2. 绘制背景、添加文字

（1）新建图层，单击"画笔工具"按钮，在工具选项栏中设置画笔为柔边圆，画笔大小为 1 000 像素，硬度为 0%，模式为"滤色"，不透明度为 100%，颜色为 #450578。调整好画笔后，在画布的中上方单击一下，单击图层面板中的图层 1，设置不透明度为 60%，效果如图 4-4-3 所示。

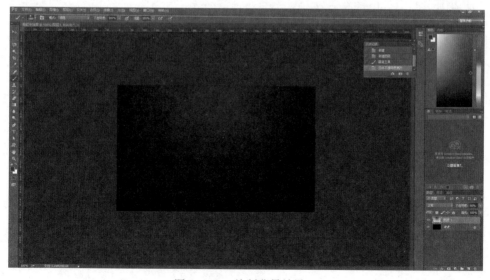

图 4-4-3　绘制背景效果

（2）单击"横排文字工具"按钮，在工具选项栏中设置字体为 Arial Bold Italic，大小为 160 点，颜色为 #5d00a6，分三个图层在画布中输入"3.8"三个字符，用"移动工具"调整三个字符的位置，如图 4-4-4 所示。

图 4-4-4　添加文字效果

3．制作立体文字

（1）单击文字图层"3"，按"Ctrl+T"键对文字进行变形，显示"3"的变换控件，按"↓"键，再按"回车"键确认，文字就向下移动了一个像素。

（2）再按 10 次"Ctrl+Alt+Shift+T"键，得到 10 个拷贝图层。按"Ctrl"键，同时单击图层面板中复制的 10 个图层，按"Ctrl+E"键合并图层，调整图层面板中的不透明度为50%，制作出"3"字的立体效果，图层面板如图 4-4-5 所示。

（3）用同样的方法做出另外两个字符的立体效果，如图 4-4-6 所示。

图 4-4-5　图层面板

图 4-4-6　"3.8"立体效果

4．描边

（1）选中文字图层"3"并右击，在弹出的快捷菜单中选择"混合选项"，弹出"图层样式"对话框，勾选"描边"选项，设置大小为 2 像素，位置为内部，字体颜色为白色，如图 4-4-7 所示。

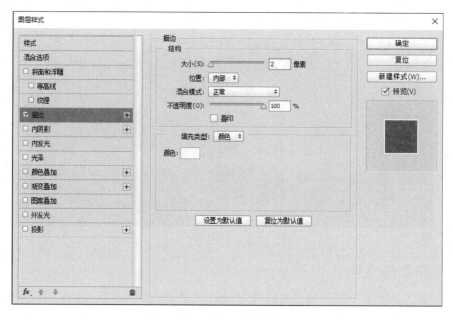

图 4-4-7　"描边"参数设置

（2）复制描边图层，在图层面板中复制的描边图层上右击，在弹出的快捷菜单中选择"栅格化图层样式"，增加描边效果，将图层名称改为"3 栅格化图层样式"，调整好位置。

（3）用同样的方法做出另外两个字符的样式，效果如图 4-4-8 所示。

图 4-4-8　描边效果

5. 设置内部文字样式

单击图层面板中的"3 拷贝 10"图层，依次添加"内阴影""内发光""外发光""投影"4 种图层样式，具体参数设置如图 4-4-9~ 图 4-4-12 所示。

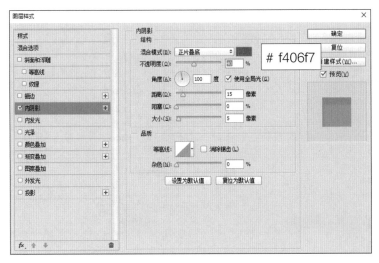

图 4-4-9 "内阴影" 参数设置

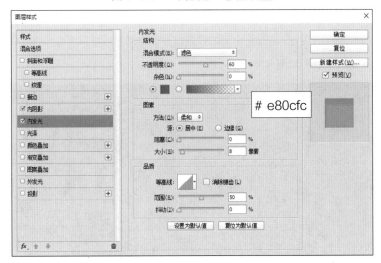

图 4-4-10 "内发光" 参数设置

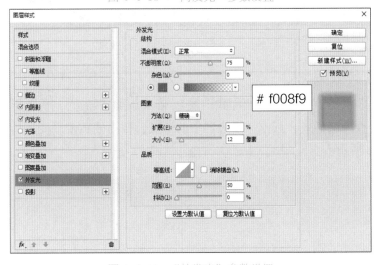

图 4-4-11 "外发光" 参数设置

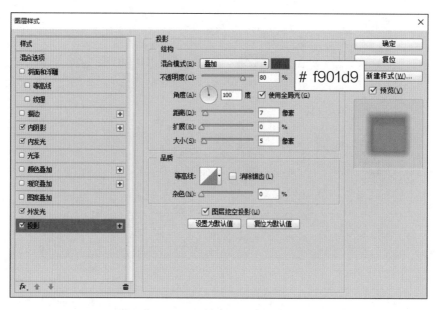

图 4-4-12 "投影"参数设置

设置图层样式后的效果如图 4-4-13 所示。

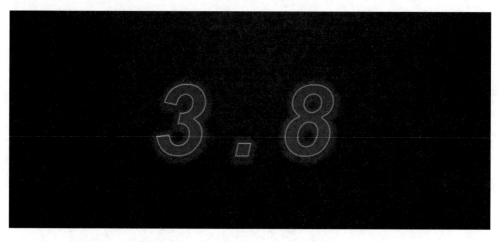

图 4-4-13 设置图层样式后的效果

6. 调整线条效果

单击文字"3"图层（即描边图层样式图层），依次添加"描边""内阴影""内发光""外发光""投影"5 种图层样式，其中"描边"中的渐变参数为橙黄橙渐变，具体参数设置如图 4-4-14~图 4-4-18 所示。

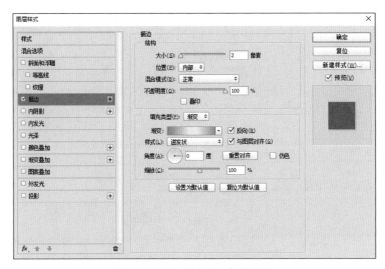

图 4-4-14 "描边"参数设置

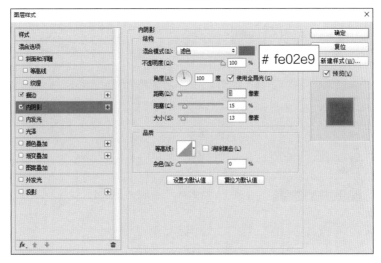

图 4-4-15 "内阴影"参数设置

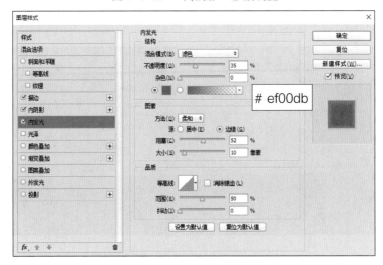

图 4-4-16 "内发光"参数设置

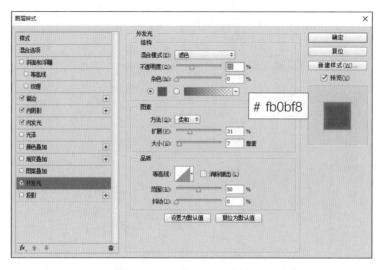

图 4-4-17 "外发光"参数设置

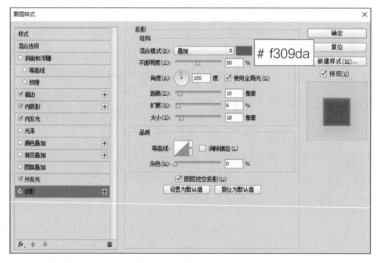

图 4-4-18 "投影"参数设置

设置图层样式后的效果如图 4-4-19 所示。

图 4-4-19 设置图层样式后的效果

7. 保存图像文件

单击"文件"菜单中的"存储为"命令，在弹出的对话框中选择以 JPG 格式保存。完成后退出 Photoshop CC 2015。

注意事项

1. 在设计艺术字时，最好将文字单个分开制作，以方便后期的调整。如先制作一种文字效果，再用同样的方法迅速完成其他文字效果。

2. 描边类型的艺术字体应选择笔画相对较粗的字体进行处理，以便更好地展示出效果。

3. Photoshop 中的文字工具是最常用、最重要的工具之一，可以使用文字工具在图像中添加文字及各种效果的文字图片。

相关知识

图层样式是一种附加在图层上的"特殊效果"。Photoshop 中共有 10 种图层样式，这些样式既可以单独使用，又可以多种样式同时使用。本任务中用到了"描边""内阴影""内发光""外发光""投影"等图层样式。

一、描边

描边效果可以用颜色、渐变以及图案来描绘图像的轮廓边缘。图 4-4-20 所示为"描边"图层样式设置界面，在该界面中可以设置描边大小、位置、混合模式、不透明度、填充类型等。

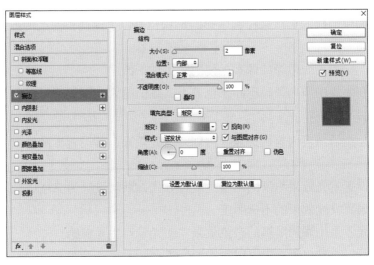

图 4-4-20 "描边"图层样式设置界面

二、内阴影

内阴影效果可以在紧靠图层内容的边缘添加阴影，使图像内容产生向画面内侧凹陷的效果。图 4-4-21 所示为"内阴影"图层样式设置界面，各参数的含义如下：

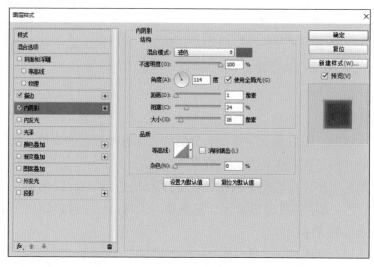

图 4-4-21　"内阴影"图层样式设置界面

混合模式：设置阴影与下面图层的混合方式，默认设置为正片叠底。

不透明度：设置阴影的不透明度，数值越小，阴影越淡。

角度：设置阴影应用于图层的光照角度，指针方向为光源方向，相反方向为阴影方向。

使用全局光：如果勾选该选项，可以保持所有光照的角度一致；取消勾选，可以为不同的图层分别设置光照角度。

距离：设置阴影偏移图层内容的距离。

阻塞：可以在模糊之前收缩内阴影的边界。

大小：设置阴影的模糊范围，数值越大，模糊范围越广，反之阴影越清晰。

等高线：以调整曲线的形状来控制阴影的形状，可以手动调整曲线的形状，也可以选择内置预设。

消除锯齿：混合等高线边缘的像素，使阴影更加平滑。

杂色：用来在阴影中添加颗粒感和杂色效果，数值越大，颗粒感越强。

三、内发光与外发光

内发光效果是指沿图层内容的边缘向内创建发光效果，其设置界面如图 4-4-22 所示，各参数的含义如下：

混合模式：设置发光效果与下面图层的混合方式，默认设置为滤色。

不透明度：设置发光效果的不透明度。

杂色：在发光效果中添加随机的杂色效果，使光晕产生颗粒感。

发光颜色：可以设置单色，也可以设置渐变色。

方法：设置发光的方式。选择"柔和"选项，发光效果比较柔和；选择"精确"选项，可以得到精确的发光边缘。

源：控制光源的位置。

阻塞：用来在模糊之前收缩发光的杂边边界。

大小：设置光晕范围的大小。

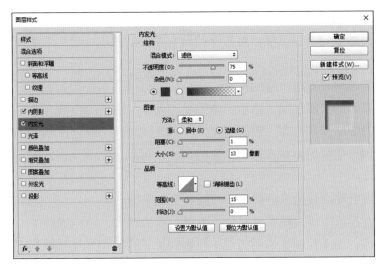

图 4-4-22　"内发光"图层样式设置界面

等高线：使用等高线可以控制发光的形状。

范围：控制发光中作为等高线目标的部分。

抖动：改变渐变的颜色和不透明度的应用。

外发光与内发光相似，可以沿图层内容的边缘向外创建发光效果，可用于制作光晕效果。

四、投影

投影效果是指为图层模拟出投影效果，用于增加某部分的层次感和立体感，其设置界面如图 4-4-23 所示，各参数的含义如下：

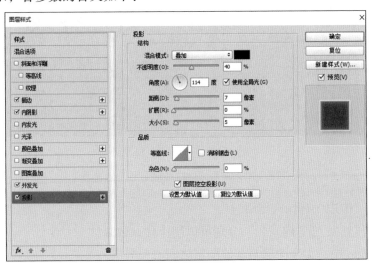

图 4-4-23　"投影"图层样式设置界面

混合模式：设置投影与下面图层的混合方式，默认设置为正片叠底。

投影颜色：设置投影的颜色。

不透明度：设置投影的不透明度，数值越小，投影越淡。

角度：设置投影应用于图层的光照角度，指针方向为光源方向，相反方向为投影方向。

使用全局光：如果勾选该选项，可以保持所有光照的角度一致；取消勾选，可以为不同的图层分别设置光照角度。

距离：设置投影偏移图层内容的距离。

扩展：设置投影的扩展范围。注意，该值受"大小"选项的影响。

大小：设置投影的模糊范围，数值越大，模糊范围越广，反之投影越清晰。

等高线：以调整曲线的形状来控制投影的形状，可以手动调整曲线的形状，也可以选择内置预设。

消除锯齿：混合等高线边缘的像素，使投影更加平滑。

杂色：用来在投影中添加颗粒感和杂色效果，数值越大，颗粒感越强。

图层挖空投影：用来控制半透明图层中投影的可见性。勾选该选项后，如果当前图层的"填充"数值小于100%，则半透明图层中的投影不可见。

思考练习

一、操作题

制作"爆款"字样的霓虹灯字，效果如图 4-4-24 所示。

图 4-4-24 "爆款"霓虹灯字效果

二、简答题

1. 图层样式"描边"有什么作用？

2. 图层样式"外发光""内发光"分别可以制作什么效果？

3. 在 Photoshop 中，文字图层与其他图层之间有何异同？

任务 5　网店 Banner 设计

学习目标

- 掌握直线工具、多边形套索工具和文字处理工具的使用方法。
- 能熟练使用自定形状工具。
- 掌握图片排版的基本技巧。
- 掌握艺术字体的运用。

任务分析

在电商装修中，Banner 作为一个网店的招牌，是商品能否吸引顾客点击购买的关键，也是横幅广告的一种表现形式。横幅广告又称旗帜广告，它是横跨于网页上的矩形公告牌，当用户点击这些横幅时，通常可以链接到广告的主网页。网店 Banner 制作需要综合运用 Photoshop 中所学的工具来完成。

某运动用品网店需要在"6·18"大促活动日来临之际，设计制作一组网店 Banner 图片，完成店铺装修，如图 4-5-1 所示。横幅广告设计主要由图形、文字和矢量图形组成。首先用多边形套索工具和直线工具绘制多彩的背景效果，然后用文字工具和矩形选框工具处理文字效果，最后用自定形状工具绘制装饰的五角星。本任务的学习重点是自定形状工具的使用和文字的排版技巧。

图 4-5-1　网店 Banner 设计效果

1. 新建图像文件

单击"文件"菜单中的"新建"命令，弹出"新建"对话框，如图 4-5-2 所示，设置宽度为 727 像素，高度为 416 像素，分辨率为 72 像素 / 英寸，颜色模式为 RGB 颜色、8 位，背景内容为白色。设置好参数后，单击"确定"按钮。

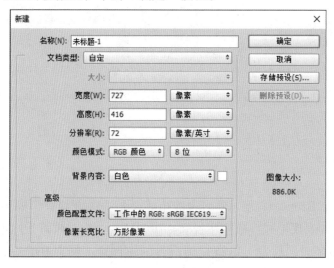

图 4-5-2 "新建"对话框

2. 制作背景

（1）新建图层组，图层组命名为"背景"。

（2）在"背景"图层组中新建图层 1，在工具箱中设置前景色为 #e8e5d4，按"Alt+Delete"键填充前景色，降低背景明度，提升图片质感。

（3）新建图层 2，单击"多边形套索工具"按钮，在左上角绘制三角形选区。在工具箱中设置前景色为 #941f16，按"Alt+Delete"键在左上角的三角形选区中填充前景色，按"Ctrl+D"键取消选区。

（4）新建图层 3，单击"多边形套索工具"按钮，在三角形下方绘制四边形选区。在工具箱中设置前景色为 #b23225，按"Alt+Delete"键在左上角的四边形选区中填充前景色，按"Ctrl+D"键取消选区。

（5）重复使用多边形套索工具，分别绘制右下角的四边形，并填充相应的颜色（从下往上的颜色：#274f57、#941f16、#466b7e、#274f57、#466b7e 和 #274f57），背景效果如图 4-5-3 所示，图层排列顺序如图 4-5-4 所示。

图 4-5-3　背景效果

图 4-5-4　图层排列顺序

（6）在图层 2 中添加线条装饰。单击"直线工具"按钮，绘制三条直线，线条颜色为 #274f57，填补背景留白处，如图 4-5-5 所示。

图 4-5-5　绘制线条效果

3. 打开素材图像文件

单击"文件"菜单中的"打开"命令，弹出"打开"对话框，选中素材"篮球 .jpg"，单击"确定"按钮打开素材图片。

4. 抠选素材图片

（1）因素材图片背景为白色，颜色单一，可选用"快速选择工具"或"魔棒工具"对篮球进行抠图。单击"魔棒工具"按钮，将工具选项栏中的容差设置为 32，单击背景白色部分任意处，选中白色背景部分。

（2）在选框内右击，在弹出的快捷菜单中选择"选择反向"命令（或按快捷键"Ctrl+Shift+I"），即可选取篮球区域，如图 4-5-6 所示。

图 4-5-6　选取篮球区域

（3）单击图层面板中"背景"组左侧的下三角形，隐藏"背景"组下面的图层，如图 4-5-7 所示。

（4）选中"背景"图层组，单击"移动工具"按钮，将选取的篮球拖曳到新建的 Banner 画布中，按"Ctrl+T"键调整篮球的大小并移至合适的位置，如图 4-5-8 所示。

图 4-5-8　插入篮球

图 4-5-7　隐藏"背景"组下面的图层

5. 制作广告字

（1）单击"横排文字工具"按钮，输入"WANG-ZHE 篮球"，字体为方正粗黑宋简体，颜色为白色，字号为 100 点。

（2）按"Ctrl+T"键对文字进行自由变换，调整文字的大小和摆放位置，如图 4-5-9 所示。

图 4-5-9 添加文字效果 1

（3）按"Ctrl+J"键复制文字图层，将前景色设置为 #941f15，按"Alt+Delete"键将复制的文字颜色填充为前景色，并将复制的文字图层调整到白色文字图层的下方。单击"移动工具"按钮，调整复制文字的位置，让文字形成阴影效果，如图 4-5-10 所示。

图 4-5-10 制作文字阴影效果

（4）单击"横排文字工具"按钮，输入"CUBA 职业联赛官方指定用球"，字体为方正粗黑宋简体，颜色为白色，字号为 33 点。单击"移动工具"按钮，调整文字的位置，如图 4-5-11 所示。

图 4-5-11 添加文字效果 2

6. 制作角标

（1）新建图层，单击"矩形选框工具"按钮，在右上角绘制矩形选框。单击"选择"/"修改"/"平滑"，弹出"平滑选区"对话框，设置取样半径为 8 像素，单击"确定"按钮，如图 4-5-12 所示。前景色设置为 #b23225，按"Alt+Delete"键将选区填充为前景色。

图 4-5-12 "平滑选区"参数设置

（2）单击"矩形选框工具"按钮，框选出圆角矩形的上半部分，右击选择"自由变换"，直接将圆角矩形向上拉长出画布，调整好后放置在合适的位置，如图 4-5-13 所示。

图 4-5-13 绘制圆角矩形并调整其位置和形状

（3）单击"横排文字工具"按钮，输入"6·18 运动上新"，字体为等线 Light，颜色为白色，字号为 20 点，字间距为 140，加粗，调整好文字的位置，如图 4-5-14 所示。

图 4-5-14 添加文字

7. 制作"立即抢购"效果

（1）新建图层，单击"矩形选框工具"按钮，在右下角绘制矩形选框。单击"选择"/"修改"/"平滑"，弹出"平滑选区"对话框，设置取样半径为 8 像素。前景色设置为白色，按"Alt+Delete"键将选区填充为前景色。

（2）按"Ctrl+J"键复制圆角矩形，按"Ctrl"键并单击复制的圆角矩形图层缩览图，载入圆角矩形选区。前景色设置为 #466b7e，按"Alt+Delete"键将选区填充为前景色，将复制的圆角矩形图层移至白色矩形图层下面。单击"移动工具"按钮，将复制的圆角矩形移至合适的位置。

（3）选中复制的圆角矩形图层，在图层面板中右击选择"混合选项"，在弹出的"图层样式"对话框中勾选"投影"，做出与广告字一样的样式设计，如图 4-5-15 所示。

图 4-5-15　制作投影

（4）单击"横排文字工具"按钮，输入"立即抢购>"，在工具选项栏中设置字体为微软雅黑 Light，颜色为 #466b7e，字号为 20 点，字间距为 140，加粗，调整好文字的位置，如图 4-5-16 所示。

图 4-5-16　制作"立即抢购"效果

8. 添加装饰

为了使图像更加丰富，可以在篮球周围添加五角星图案。单击"自定形状工具"，在工具选项栏中设置模式为"形状"，选择五角星形状，在画布中绘制出大小不一的五角星图案，如图 4-5-17 所示。

图 4-5-17　添加五角星效果

9. 保存图像文件

单击"文件"菜单中的"存储为"命令，在弹出的对话框中分别选择以 JPG 和 PSD 格式保存。完成后退出 Photoshop CC 2015。

注意事项

1. 在抠图时，当图片背景是纯色或非常简单时，可以用"快速选择工具"和"魔棒工具"来完成抠图工作。

2. 要制作具有立体感的字体时，可以通过复制字体改变颜色，通过两层字体间的错位制作出投影的感觉。

3. 装饰画面时，装饰物可以通过复制再自由变换快速地完成。

4. 使用直线工具绘图时，同时按住"Shift"键，可以绘制水平直线、垂直直线和 45° 角直线。

相关知识

一、直线工具

在 Photoshop CC 2015 中的形状工具组包括矩形工具、圆角矩形工具、椭圆工具、多边形工具、直线工具和自定形状工具，如图 4-5-18 所示。本任务使用了该工具组中的直线工具和自定形状工具。

图 4-5-18　形状工具组

直线工具可以绘制直线或带有箭头的线段。光标拖曳的起始点为线段起点，拖曳的终点为线段终点。在"直线工具"选项栏中可以调整线条的粗细和颜色等，如图 4-5-19 所示。

单击"直线工具"选项栏中的 ，在其下拉菜单中可以设置箭头的相关参数，如图 4-5-20 所示。

图 4-5-19 　"直线工具"选项栏

图 4-5-20 　箭头参数设置

起点与终点：两者可以选择一项，也可以都选，以决定箭头在线段的哪一端或两端都有箭头。

宽度：箭头宽度和线段宽度的比值，可以输入 10% ～ 1 000% 的数值。

长度：箭头长度和线段宽度的比值，可以输入 10% ～ 5 000% 的数值。

凹度：设定箭头中央凹陷的程度，可以输入 – 50% ～ 50% 的数值。

二、创建自定形状

Photoshop 中自带的自定形状图案是有限的，可以在网上搜索下载更多需要的自定形状图案，添加到自定形状中，文件的默认格式为 CSH。如果下载的是压缩包，需要解压缩之后再安装。

方法一：单击"编辑"/"预设"/"预设管理器"，弹出"预设管理器"对话框，在列表中找到对应的自定形状，单击"载入"按钮，找到下载的形状文件，载入即可。

方法二：单击"自定形状工具"，在工具选项栏中设置模式为"形状"，在"形状"项下拉菜单的"扩展"子菜单中单击"载入形状"命令，弹出"载入"对话框，然后找到 CSH 文件，载入即可。

下面以创建一个心形图案为例，介绍自定形状工具的使用方法。

（1）新建图像文件。单击"文件"菜单中的"新建"命令，弹出"新建"对话框，设置宽度为 100 像素，高度为 100 像素，分辨率为 72 像素 / 英寸，颜色模式为 RGB 颜色、8 位，背景内容为白色。设置好参数后，单击"确定"按钮。

（2）单击"钢笔工具"按钮，设置模式为"路径"，绘制心形的路径形状，如图 4-5-21 所示。

（3）利用钢笔工具对路径进行调节，使其形状达到所需的要求。

（4）单击"路径选择工具"按钮，选中路径，单击"编辑"菜单中的"定义自定形状"

命令，弹出"形状名称"对话框，如图 4-5-22 所示，编辑名称后，单击"确定"按钮。

（5）单击"自定形状工具"按钮，在工具选项栏中找到之前自定的形状（通常在最后一个），在画布中进行绘制。

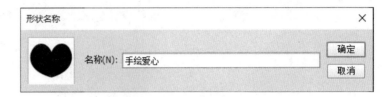

图 4-5-21　绘制心形的路径形状　　　　　　　图 4-5-22　"形状名称"对话框

思考练习

一、操作题

收集若干体育运动器材方面的素材，制作风格统一的 3 张 Banner。

二、简答题

1. 如何绘制带箭头的线段？

2. 如何将自定形状工具中的形状列表恢复默认？

3. 如何创建自定形状？

项目五　广告海报设计

任务 1　旅游广告设计

学习目标

- 了解旅游广告的一般设计思路。
- 掌握渐变工具、文本工具的使用方法。
- 掌握对象的复制、自由变换、贴入方法。
- 能运用复制图层、合并图层制作特殊效果。
- 掌握在 Photoshop 中安装字体文件的方法。

任务分析

　　读万卷书，行万里路。随着时代的发展，人们的生活水平和生活质量逐渐提高，旅游成为一种时尚，也成为人们休闲娱乐的一种重要方式。旅游广告是人们了解相关信息的重要途径。旅游广告是介绍旅游信息、宣传旅游资源、推广旅游产品、传播社会文化、打造旅游品牌的一种宣传活动。

　　本任务要求使用 Photoshop 软件制作静态网页旅游广告，如图 5-1-1 所示，要求通过颜色填充、建立选区、描边、自由变换等操作完成各个部分的创意设计，以便进一步熟悉 Photoshop CC 2015 的基本操作，了解旅游宣传和推广的特点，以及色彩搭配和构图的特点。本任务的学习重点是对象的复制、自由变换、选择性粘贴等操作。

图 5-1-1　静态网页旅游广告

任务实施

1. 新建图像文件

单击"文件"菜单中的"新建"命令（或按快捷键"Ctrl+N"），弹出"新建"对话框，设置参数如下：名称为"旅游广告"，宽度为 150 毫米，高度为 100 毫米，分辨率为 180 像素/英寸，颜色模式为 RGB 颜色、8 位，背景内容为白色。设置好参数后，单击"确定"按钮，如图 5-1-2 所示。

图 5-1-2　新建图像文件

2. 在工具箱中设置前景色和背景色，渐变填充图像背景

（1）单击"设置前景色"按钮，弹出"拾色器（前景色）"对话框，如图 5-1-3 所示，设置前景色为白色（R：255、G：255、B：255），单击"确定"按钮。

（2）单击"设置背景色"按钮，弹出"拾色器（背景色）"对话框，如图5-1-4所示，设置背景色为浅蓝色（R：203、G：255、B：255），单击"确定"按钮。

（3）单击"渐变工具"按钮，在"渐变工具"选项栏中选择"径向渐变"，模式为"正常"，不透明度为100%，如图5-1-5所示，在画布上进行渐变色填充，如图5-1-6所示。

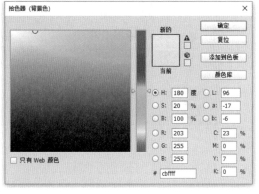

图5-1-3 "拾色器（前景色）"对话框   图5-1-4 "拾色器（背景色）"对话框

图5-1-5 "渐变工具"选项栏设置

图5-1-6 填充渐变色效果

3. 新建图层，用画笔工具绘制新图像

（1）单击图层面板下方的"创建新图层"按钮（或按快捷键"Ctrl+Shift+N"），创建图层1。单击"画笔工具"按钮，在工具选项栏中设置画笔为半湿描油彩笔，大小为260像素，模式为"正常"，如图5-1-7所示。

图 5-1-7　设置画笔属性

（2）单击"设置前景色"按钮，弹出"拾色器（前景色）"对话框，设置前景色为黑色（R：0、G：0、B：0），如图 5-1-8 所示，单击"确定"按钮，在画布上绘制新图像，如图 5-1-9 所示。

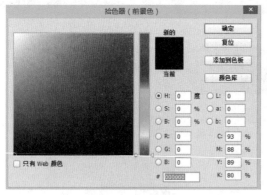

图 5-1-8　设置前景色

图 5-1-9　绘制新图像

4. 复制图层 1，制作水墨效果

（1）在图层面板中选中图层 1，单击"图层"菜单中的"复制图层"命令，弹出"复制图层"对话框，单击"确定"按钮，得到"图层 1 拷贝"图层（也可按快捷键"Ctrl+J"快速复制图层）。

（2）单击"编辑"菜单中的"自由变换"命令（或按快捷键"Ctrl+T"），按住"Shift"键拖曳控制句柄，适当放大图案，如图 5-1-10 所示。

（3）在图层面板中设置"图层 1 拷贝"图层的不透明度为 60%，右击"图层 1 拷贝"图层，在弹出的快捷菜单中选择"向下合并"（或按快捷键"Ctrl+E"）合并图层，得到图层 1，如图 5-1-11 所示。

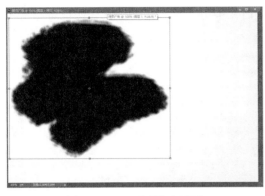

图 5-1-10 适当放大图案　　　　　　　图 5-1-11 设置不透明度并合并图层

5. 打开"缆车"素材文件并复制到"旅游广告"文件中

（1）单击"文件"菜单中的"打开"命令，弹出"打开"对话框，选择素材"缆车 .jpg"，单击"打开"按钮，如图 5-1-12 所示。

（2）单击"缆车"文件窗口标签，将"缆车"文件窗口作为当前窗口，单击"选择"菜单中的"全部"命令（或按快捷键"Ctrl+A"），然后单击"编辑"菜单中的"拷贝"命令（或按快捷键"Ctrl+C"）。

（3）单击"旅游广告"文件窗口标签，将"旅游广告"文件窗口作为当前窗口，按住"Ctrl"键不放，单击图层 1 的缩览图，载入选区。单击"编辑"菜单"选择性粘贴"子菜单中的"贴入"命令（或按快捷键"Ctrl+Alt+Shift+V"），将"缆车"粘贴到选区内，如图 5-1-13 所示。完成后关闭"缆车"文件窗口。

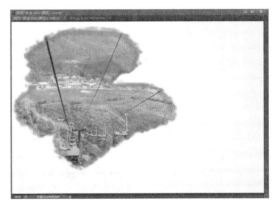

图 5-1-12 缆车素材　　　　　　　　　图 5-1-13 贴入素材图片

6. 调整图像大小到合适的位置

单击"编辑"菜单中的"自由变换"命令（或按快捷键"Ctrl+T"），按住"Shift"键不放，拖曳控制句柄，将缆车素材调整到合适的大小和位置，如图 5-1-14 所示。

7. 使用文本工具编辑文字，制作广告宣传标语

（1）安装字体。将下载好的字体"江西拙楷 .tif"复制到系统中自带字体的默认安装目录"C:\Windows\Fonts"。

（2）单击"直排文字工具"按钮，在文件空白处单击，输入文本"登春秋古寨　览江山胜景"，在工具选项栏中设置字体为江西拙楷，字号为 22 点，文本颜色为黑色。将"登"字和"览"字的字号设为 30 点。然后单击样式面板，选择"蓝色玻璃（按钮）"样式，效果如图 5-1-15 所示。

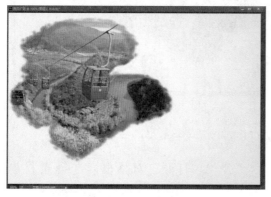

图 5-1-14　调整缆车素材的大小和位置　　　　图 5-1-15　广告宣传标语效果

8. 打开"花枝"素材文件并复制到"旅游广告"文件中

（1）单击"文件"菜单中的"打开"命令，弹出"打开"对话框，选择素材"花枝1.png"，单击"打开"按钮。

（2）单击"花枝"文件窗口标签，将"花枝"文件窗口作为当前窗口，单击"选择"菜单中的"全部"命令，然后单击"编辑"菜单中的"拷贝"命令。

（3）单击"旅游广告"文件窗口标签，将"旅游广告"文件窗口作为当前窗口。单击"编辑"菜单中的"粘贴"命令（或按快捷键"Ctrl+V"），将"花枝"图案粘贴到"旅游广告"文件中。单击"编辑"菜单中的"自由变换"命令，按住"Shift"键不放，拖曳控制句柄，将花枝素材调整到合适的大小和位置，并做一个镜像调整，如图 5-1-16 所示。完成后关闭"花枝"文件窗口。

图 5-1-16　花枝效果

9. 添加商家信息

（1）单击"横排文字工具"按钮，在文件空白处单击，输入文本"春秋古寨旅游公司"，字体为江西拙楷，字号为 14 点，放入页面的左下角。用同样的方法输入"电话：13899996666"，字体为江西拙楷，字号为 14 点，将其放置在合适的位置。

（2）插入微信公众号二维码图片。单击"文件"菜单中的"置入嵌入的智能对象"命令，置入"微信.png"，调整图片大小并将其放在合适的位置。最后输入网站地址" www.guzhai123.com"，字体为方正姚体，字号为 10 点，将其放置在合适的位置。效果如图 5-1-1 所示。

10. 保存图像文件

单击"文件"菜单中的"存储为"命令，在弹出的对话框中分别选择以 JPG 和 PSD 格式保存。完成后退出 Photoshop CC 2015。

注意事项

1. 在使用"径向渐变"时，注意鼠标拖动的起点和终止位置，位置不同效果也不同。在本任务中考虑到缆车素材右侧大部分为绿色，这样拖动鼠标时应该从左边一点拖动。

2. 选择性粘贴是把一张图片上的某部分图像粘贴到另一张图片指定的区域中，是在选区中粘贴，类似套入一个选区中的蒙版；普通粘贴是直接粘贴。

3. 移动蒙版中的图片时，需要将图片进行自由变换，这样才能调整图片到合适的位置。

4. 编辑文字时要注意文字方向是横排还是竖排。

5. 安装字体前，最好先关闭 Photoshop 软件。如果安装字体时正在运行 Photoshop，则需要重新启动程序后，新字体才会生效。

相关知识

一、渐变工具

"渐变工具"选项栏如图 5-1-17 所示。"渐变"主要有线性渐变、径向渐变、角度渐变、对称渐变、菱形渐变五种渐变类型，效果如图 5-1-18 所示。

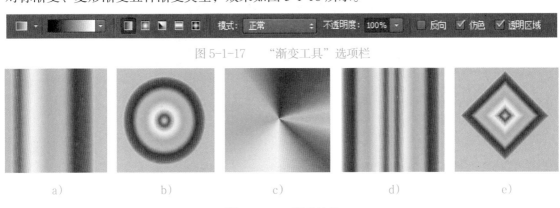

图 5-1-17　"渐变工具"选项栏

图 5-1-18　渐变效果

a）线性渐变　b）径向渐变　c）角度渐变　d）对称渐变　e）菱形渐变

下面以制作一个立体几何球为例，使用渐变工具反映各个面的光照情况。操作步骤如下：

（1）新建一个文件，背景拉出一个暗黄到黑的线性渐变。选择"黑，白渐变"，调整渐变参数。在渐变条上的 25%、50% 和 80% 位置各添加一个色标，从左到右分别设置颜色为 #ffffff、#e6e63c、#a0a000、#3c3c00 和 #737300，如图 5-1-19 所示。

（2）绘制一个正圆，选择"径向渐变"，斜着拉出一条直线，如图 5-1-20 所示。

图 5-1-19 "渐变编辑器"对话框

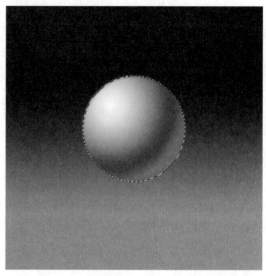

图 5-1-20 绘制一个正圆

（3）再新建一个图层，选择"由黑到白的透明渐变"，用线性渐变从左向右拉出一条直线，得到阴影效果。

（4）添加文字完成最终的效果，如图 5-1-21 所示。

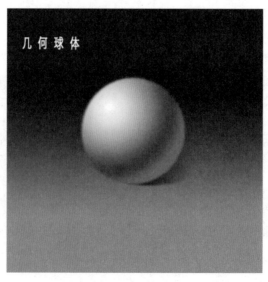

图 5-1-21 "立体球"效果

二、安装字体文件

在 Photoshop 平面设计中，经常需要运用各种各样的字体来美化图像、突出表达主题，有时候还需要运用系统自带字体以外的新字体，下面介绍安装新字体的方法。

方法一：

（1）选中并复制需要安装的字体文件。

（2）单击打开系统自带字体默认安装目录" C:\Windows\Fonts"，如图 5-1-22 所示，把字体文件粘贴到该文件夹中。

A ＞ 此电脑 ＞ 本地磁盘 (C:) ＞ Windows ＞ Fonts

图 5-1-22　字体默认安装目录

（3）启动 Photoshop 软件即可使用刚安装的字体。

方法二：对于 Windows 7 及以上版本的操作系统，直接双击字体文件，单击"安装"按钮即可。

思考练习

一、操作题

使用如图 5-1-23 所示素材，制作南漳旅游广告，如图 5-1-24 所示。

a）

b）

图 5-1-23　素材
a）素材 1　b）素材 2

图 5-1-24　南漳旅游广告

二、思考题

1. 五种"渐变"效果有何区别？分别用在哪些场景中？

2. 自由变换中的缩放、旋转、斜切、扭曲、透视、变形有哪些奇特的效果？

3. 选择性粘贴中的"贴入"命令怎么使用？

任务 2　美食促销广告设计

 学习目标

- 能熟练使用 Photoshop 给图片去底。
- 掌握排版技巧。
- 能熟练使用滤镜制作阴影效果。
- 掌握线框的绘制方法。

任务分析

民以食为天，人们对美食的追求从来都没有停歇过。某餐厅推出一款新主食，需设计制作一张促销广告，用于宣传推广，如图 5-2-1 所示。美食促销广告要求食物的图像有高质量的色彩、质感和形状，尽可能地增加吸引力，让人一看到就有垂涎欲滴的感觉。本任务需要综合运用图层、滤镜、钢笔、矩形、椭圆等工具。本任务的学习重点是图层、滤镜的综合运用。

图 5-2-1　美食促销广告

1. 新建图像文件

单击"文件"菜单中的"新建"命令，弹出"新建"对话框，如图 5-2-2 所示。设置名称为"促销海报"，宽度为 1 200 像素，高度为 1 600 像素，分辨率为 72 像素 / 英寸，颜色模式为 RGB 颜色、8 位，背景内容为白色。设置好参数后，单击"确定"按钮。

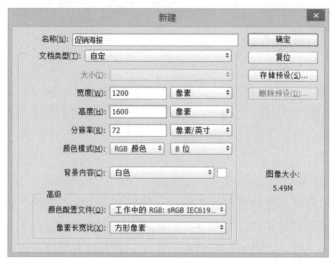

图 5-2-2　"新建"对话框

2. 制作背景效果

（1）新建图层，在新建的图层中导入或直接拖入素材"背景木纹肌理 .jpg"。选中文件所在的图层，按"Ctrl+T"键旋转图片，如图 5-2-3 所示。

（2）新建图层，在新建的图层中导入或直接拖入素材"背景肌理 .jpg"，将图像缩放在画面适当的位置，并在"图层样式"对话框中设置混合模式为"强光"。背景效果如图 5-2-4 所示。

图 5-2-3　背景木纹肌理　　　　　图 5-2-4　背景效果

3. 导入元素，制作阴影效果

（1）新建图层，将图层命名为"米线"，在新建的图层中导入"米线 .png"，将图像缩放并旋转到如图 5-2-5 所示的位置。

图 5-2-5 导入米线素材

（2）按住"Ctrl"键，单击图层面板中"米线"图层的缩览图，选中米线选区，新建图层，命名为"米线阴影"。单击"米线阴影"图层，将选取范围用黑色填充，取消选择。单击"滤镜"/"模糊"/"高斯模糊"，设置半径为 8 像素，将"米线阴影"图层移到"米线"图层的下方。

（3）新建图层，命名为"花甲"，导入"花甲 .jpg"，将该图层放在"米线"图层的下方。单击"魔棒工具"按钮，在工具选项栏中设置容差为 10，将"花甲"画面中的白色区域全部选中后，按"Ctrl+Shift+I"键反选。单击图层面板中的"添加图层蒙版"按钮，给图层去底，并参照步骤（2）的方法给图层添加阴影效果，如图 5-2-6 所示。

（4）依次新建图层，分别命名为"蔬菜""辣椒""葱"，依次导入文件"蔬菜 .jpg""辣椒 .jpg""葱 .jpg"。参照步骤（2）和（3）的方法进行去底和添加阴影效果，并将"蔬菜"图层和"葱"图层的不透明度分别设置为 52% 和 64%，如图 5-2-7 所示。

图 5-2-6 插入"花甲"效果　　　　　图 5-2-7 插入"蔬菜""辣椒"和"葱"效果

4. 制作文字

（1）单击"横排文字工具"按钮，在工具选项栏中将字体设置为方正特粗光辉简体，颜色为 #e7e3d9，在画面中分别输入"花""甲""米""线"并调整它们的位置和大小，如图 5-2-8 所示。

（2）新建两个图层，用"矩形工具"分别在这两个图层中绘制大、小两个矩形，在工具选项栏中分别设置矩形的参数：小矩形（形状，填充颜色为 #fb0000，无描边），大矩形（形状，无填充，描边为 7 像素，描边颜色为 #fb0000），如图 5-2-9 所示。

图 5-2-8 制作文字　　　　　　　　图 5-2-9 绘制矩形

（3）按住"Ctrl"键，选中这两个图层，右击选择"链接图层"。按"Ctrl+T"键，出现自由变换控件，按住"Ctrl"键，分别调整控制点，得到变形效果，如图 5-2-10 所示。

（4）复制这两个图层，参照步骤（3）的方法将图形变形，效果如图 5-2-11 所示。

图 5-2-10　矩形变形效果　　　　　　　　　图 5-2-11　复制变形效果

（5）单击"横排文字工具"按钮，在工具选项栏中将字体设置为方正特粗光辉简体，颜色为 #e7e3d9，切换文本取向为竖向，在画面中分别输入"新鲜赏味"和"爽爆味蕾"，按"Ctrl+T"键，出现自由变换控件，按住"Ctrl"键，分别调整控制点，得到变形效果，如图 5-2-12 所示。

（6）新建图层，使用"钢笔工具"绘制曲线，如图 5-2-13 所示。

图 5-2-12　文字变形效果　　　　　　　　　图 5-2-13　绘制曲线

（7）将画笔形状设置为硬边圆，大小为 5 像素，前景色设置为 #da9e38，单击"路径选择工具"按钮，选取路径，在新建图层中单击鼠标右键，在弹出的快捷菜单中选择"描边路径"，弹出"描边路径"对话框，如图 5-2-14 所示，选择工具为"画笔"，勾选"模拟压力"，单击"确定"按钮。描边效果如图 5-2-15 所示。

图 5-2-14　"描边路径"对话框

图 5-2-15　描边效果

（8）单击"横排文字工具"按钮，输入文字"舌尖上一次难忘的邂逅"，设置字体为黑体，颜色为 #e7e3d9，如图 5-2-16 所示。

（9）新建图层，单击"椭圆工具"按钮，在图层中按住"Shift"键绘制一个正圆，在工具选项栏中设置模式为"形状"，填充颜色为 #da9e38，无描边。再新建一个图层，用"椭圆工具"在图层中再绘制一个正圆，在工具选项栏中设置模式为"形状"，无填充颜色，描边为 8 像素，描边颜色为 #da9e38，描边线型为虚线，效果如图 5-2-17 所示。

图 5-2-16　输入文字

图 5-2-17　圆形效果

（10）单击"横排文字工具"按钮，在绘制的正圆内输入文字"仅售 12 元 / 份"，字体为方正特粗光辉简体，颜色分别为 #fb0000 和 #e7e3d9，效果如图 5-2-18 所示。

（11）新建图层，用"椭圆工具"绘制一个椭圆形，填充颜色为 #fb0000，在椭圆形内输入文字"杨记"，字体为方正古隶繁体，颜色为 #e7e3d9，如图 5-2-19 所示。

图 5-2-18　文字效果 1　　　　　　　　图 5-2-19　文字效果 2

5. 添加联系方式

用文字工具添加"外卖热线 > 0724-8888666"和"地址 > 天鹅广场 美食城 001 号"，字体均为黑体，如图 5-2-1 所示。

6. 保存图像文件

单击"文件"菜单中的"存储为"命令，在弹出的对话框中分别选择以 JPG 和 PSD 格式保存。完成后退出 Photoshop CC 2015。

注意事项

1. 描边路径命令用于绘制路径的边框，可以沿任何路径创建绘画描边，它并不模仿任何绘画工具的效果，这一点和图层样式中的描边效果是完全不同的。

2. 模糊滤镜组中的滤镜可以对整个图像或选区进行柔化，产生平滑过渡的效果，还可以去除图像中的杂色或为图像添加动感效果等。用高斯模糊对图像进行模糊时，可以控制模糊半径。

3. "链接图层"功能必须选择两个或两个以上的图层时才能使用。

4. 按住"Ctrl"键，同时单击"添加图层蒙版"按钮，可以为图层创建矢量蒙版。矢量蒙版只能用钢笔、自由钢笔、矢量图形等矢量工具来编辑。

相关知识

一、链接图层

图层的链接功能能够方便用户对多个图层进行相同或重复的操作，也可以方便用户合并不相邻的图层。如果把两个图层链接起来，那么对链接中的某一个图层进行移动或应用变换操作时，链接的其他图层也将执行相应的操作。

1. 图层链接的操作方法

要使几个图层成为链接的图层，其方法如下：

在图层面板中按住"Ctrl"键，分别单击"椭圆形""长方形""矩形"3 个图层，选中所有需要链接的图层（图 5-2-20），然后单击面板下方的"链接图层"按钮，就可以将选中的 3 个图层链接起来，效果如图 5-2-21 所示。

图 5-2-20　选中所有需要链接的图层　　图 5-2-21　图层链接后的效果

2. 取消图层链接

图层链接与同时选中多个图层两者是不同的，链接的图层之间会保持关联性，直至取消它们的链接。若要取消图层的链接，可以将需要取消链接的图层全部选中，然后单击"链接图层"按钮，则选中的图层就取消链接了。

3. 合并不相邻的图层

合并图层时，按快捷键"Ctrl+E"，默认情况下只能把当前图层与其下一图层合并。如果要合并多个不相邻的图层，可以将这几个图层进行图层链接操作，然后执行"合并链接图层"命令，或按快捷键"Ctrl+E"进行合并。

二、模糊区域图像

在 Photoshop 中，如果需要对图像中的某些区域进行模糊等操作，可以使用工具箱中提供的专门用于图像局部修饰的工具，如图 5-2-22 所示。

图 5-2-22　模糊工具组

该工具箱中的"模糊工具"与"滤镜"菜单中"高斯模糊"滤镜的功能类似。"模糊工具"通过画笔的形式对图像进行涂抹，涂抹的区域将根据设置参数值的不同，使僵硬的边界变得柔和，颜色过渡变得平缓，从而形成不同程度的模糊效果。

在工具箱中单击"模糊工具"按钮 ，在"模糊工具"选项栏中可以设置各项参数，以控制图像的模糊效果，如图 5-2-23 所示。

图 5-2-23 "模糊工具"选项栏

该工具组中的"锐化工具"与"模糊工具"相反，其作用是使图像更清晰，两者的使用方法相同。

思考练习

一、操作题

利用钢笔等工具设计制作一张渐变花纹广告，如图 5-2-24 所示。

图 5-2-24 渐变花纹广告

二、简答题

1. 将背景变得有光感的方法有哪些？

2. 如何使图形变成有线型变化的线框图形？

3. 用钢笔工具绘制路径后，如何调整路径的形状？

任务 3　城市宣传海报设计

学习目标

- 掌握海报背景的基本制作方法。
- 熟悉图片润饰技巧。
- 掌握内容识别填充、羽化选区等操作方法。
- 掌握添加杂色、扩散等滤镜的使用方法。
- 掌握常见的抠图方法。
- 能用通道、滤镜等功能制作印章。

任务分析

城市宣传海报设计是对一个城市的展示宣传，有助于提高城市的知名度和影响力。荆门是长江中游城市群的重要成员之一，是湖北省历史文化名城，也是中国优秀旅游城市，凤鸣门是荆门重点的历史古迹和景点。

本任务要求以凤鸣门为主体，制作"荆楚门户"城市宣传海报，如图 5-3-1 所示。制作过程中，首先对素材原图进行润饰备用，然后制作海报背景，再制作海报中的图片效果，最后添加文字和印章。本任务的学习重点是图层、滤镜、蒙版及通道的综合运用和印章的制作技巧。

图 5-3-1　"荆楚门户"城市宣传海报

1．对"凤鸣门"素材图片进行润饰

（1）运行 Photoshop，单击"文件"菜单中的"打开"命令，在弹出的"打开"对话框中找到素材"凤鸣门原图 .jpg"，单击"确定"按钮，如图 5-3-2 所示。

图 5-3-2　凤鸣门素材

（2）观察图片，发现门洞里面的人物需要去除，按"Ctrl+J"键，复制图层（不影响原图层素材），用"矩形选框工具"选中需要去除的对象，如图 5-3-3 所示。

图 5-3-3　选中需要去除的对象

（3）单击"编辑"/"填充"（或按快捷键"Shift+F5"），弹出"填充"对话框，选择"内容识别"，如图 5-3-4 所示，单击"确定"按钮，效果如图 5-3-5 所示。

图 5-3-4　填充内容识别

图 5-3-5　内容识别效果

（4）用仿制图章工具修复图像的瑕疵部分，将其涂抹、美化。然后利用 Camera Raw 滤镜将图片的色调调整一下，效果如图 5-3-6 所示。单击"文件"菜单中的"存储为"命令，更名为"凤鸣门 .jpg"，放入素材库，以备后面作为素材使用。

图 5-3-6　用仿制图章工具和 Camera Raw 修复图像效果

2．制作背景

（1）单击"文件"菜单中的"新建"命令，在弹出的"新建"对话框中设置名称为"荆楚门户"，宽度为 426 像素，高度为 576 像素，分辨率为 300 像素 / 英寸，颜色模式为 CMYK 颜色、8 位，背景内容为白色，如图 5-3-7 所示。

（2）单击"渐变工具"按钮，打开"渐变编辑器"对话框，选择"由浅蓝到深蓝的线性渐变"，从左到右设置色标颜色为 R：3、G：149、B：242 和 R：2、G：104、B：242。从上到下拉一个由深到浅的线性渐变，如图 5-3-8 所示。

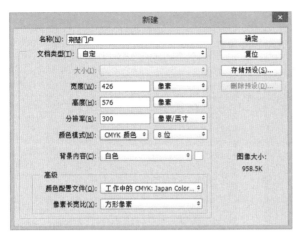

图 5-3-7 新建图像文件

图 5-3-8 渐变效果

（3）新建图层 1，将图层 1 填充为白色。单击"滤镜"/"杂色"/"添加杂色"，如图 5-3-9 所示，弹出"添加杂色"对话框（图 5-3-10），将数量设为 200%，选择"平均分布"。

图 5-3-9 添加杂色

图 5-3-10 "添加杂色"对话框

（4）设置图层的混合模式为"叠加"，效果如图 5-3-11 所示。复制图层 1，选中"图层 1 拷贝"图层，按快捷键"Ctrl+I"将其反向。将这两个图层选中，设置不透明度为 50%，得到颗粒质感效果，如图 5-3-12 所示。

图 5-3-11　叠加效果　　　　　　　　　　图 5-3-12　颗粒质感效果

（5）选中蓝色渐变背景图层，单击"创建新的填充或调整图层"按钮，在弹出的快捷菜单中选择"色相 / 饱和度"，参数设置如图 5-3-13 所示，得到最后的背景效果，如图 5-3-14 所示。

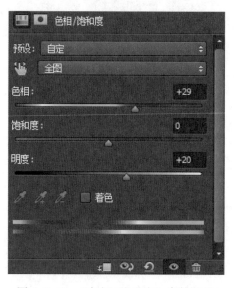

图 5-3-13　"色相 / 饱和度"参数设置　　　　图 5-3-14　最后的背景效果

3. 制作海报上下两张图像的效果

（1）单击"文件"菜单中的"置入嵌入的智能对象"命令，置入素材"风景图 .jpg"，按住"Shift"键调整图片的大小并放至合适的位置。单击工具选项栏中的"√"或按"回车"键，将图片嵌入该文档中，如图 5-3-15 所示。在图层面板中选中"风景图"图层，设置图层混合模式为"正片叠底"，不透明度为 45%，效果如图 5-3-16 所示。

图 5-3-15　嵌入风景图　　　　　　　　　图 5-3-16　　正片叠底效果

（2）单击"文件"菜单中的"打开"命令，打开素材"凤鸣门.jpg"，使用"快速选择工具"在城墙区域拖动，选中城墙区域，如图 5-3-17 所示，按快捷键"Shift+F6"，在弹出的"羽化选区"对话框中设置羽化半径为 5 像素，如图 5-3-18 所示。按"Ctrl+C"键对选区中的城墙进行复制，切换回到"荆楚门户"文件窗口，按"Ctrl+V"键将城墙图案粘贴到该窗口中，调整城墙的大小并将其放置到合适的位置，将图层命名为"凤鸣门"，如图 5-3-19 所示。

图 5-3-17　选中城墙区域

图 5-3-18　"羽化选区"参数设置

（3）给"凤鸣门"图层添加蒙版，将前景色设置为黑色，背景色设置为白色，使用黑白渐变拉一个径向渐变效果，如图 5-3-20 所示。

图 5-3-19　插入城墙图像　　　　　图 5-3-20　渐变蒙版效果

（4）选择"画笔工具"，在工具选项栏中打开"画笔预设"选取器面板，在面板中选择编号为 100 的"粗边圆形钢笔"样式，设置画笔大小为 120 像素，如图 5-3-21 所示。用画笔在图层 1 的图层蒙版中进行绘制，将城墙的边缘隐藏起来，在绘制过程中可以根据需要对不透明度和流量进行调整，效果如图 5-3-22 所示。

图 5-3-21　画笔参数设置

图 5-3-22　画笔涂抹效果

4. 制作"魅力荆门""荆楚门户"等文字

（1）将前景色设置为白色，选择"椭圆工具"，在工具选项栏中设置模式为"形状"，无填充，描边为 3 点，如图 5-3-23 所示。按住"Shift"键绘制一个正圆，复制正圆图层，按"Ctrl+T"键，按住"Shift+Alt"键，从中心缩小一个圆环，描边为 1 点。将两个正圆图层选中，用"移动工具"将其移到海报的左上角位置，如图 5-3-24 所示。

| ● ▼ | 形状 ⬍ | 填充： ⬛ | 描边： ⬛ | 3点 ▼ | ━━━ ▼ | W：212像 | ⬛ | H：204像 | ⬛ | ⬛ | ⬛ | ⬛ | ☐ 对齐边缘 |

图 5-3-23　"椭圆工具"选项栏设置

（2）选择"横排文字工具"，在海报中间输入文字"魅力荆门"，字体为江西拙楷，字号为 10 点，颜色为白色。调整字间的距离，在文字中间绘制一个矩形，在工具选项栏中设置模式为"路径"，描边为 0.5 点，不透明度为 60%，效果如图 5-3-25 所示。

图 5-3-24　绘制正圆并调整其位置　　　　图 5-3-25　"魅力荆门"文字效果

（3）选择"直排文字工具"，在画面左侧输入文字"荆楚门户"，设置字体为一种书法字体（叶根友毛笔行书 2.0），颜色为 C：80、M：75、Y：60、K：50，调整文字大小为 14 点并将其放置到合适的位置，如图 5-3-26 所示。

（4）选择"横排文字工具"，在标题文字下方绘制一个文字框，将文字素材复制到文字框中，为文字设置字体、颜色、大小和间距，并放置到合适的位置，如图 5-3-27 示。

图 5-3-26　"荆楚门户"文字效果　　　　图 5-3-27　添加介绍文字

5. 制作印章

（1）单击"文件"菜单中的"新建"命令，弹出"新建"对话框，命名为"印章"，设置宽度和高度都为 40 毫米，分辨率为 300 像素 / 英寸，颜色模式为 RGB 颜色、8 位，背景内容为白色，如图 5-3-28 所示。

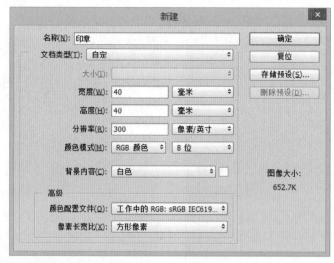

图 5-3-28　新建图像文件

（2）选择"直排文字工具"，输入"荆楚"后按"回车"键换行，再输入"印象"，设置文字字体为方正小篆体，调整文字大小、字符间距和行间距。选中文字，使用字符面板对文字属性进行进一步的调整，如图 5-3-29 所示。按快捷键"Ctrl+T"，对文字进行变形调整，如图 5-3-30 所示。

图 5-3-30　变形调整文字

图 5-3-29　字符面板

（3）新建一个图层，选择"矩形选框工具"，按住"Shift"键，在文字外围绘制一个正方形选区，如图 5-3-31 所示，按快捷键"D"，再按快捷键"Alt+Delete"为选区填充黑色，如图 5-3-32 所示。

图 5-3-31　绘制正方形选区

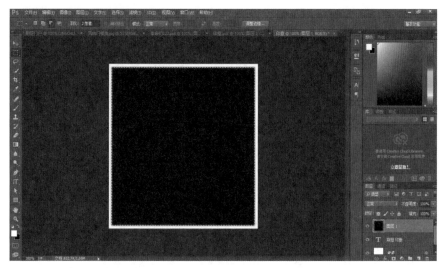

图 5-3-32　为选区填充黑色

（4）单击"选择"菜单中的"变换选区"命令，如图 5-3-33 所示，按住" Shift+Alt"键的同时向内等比例调整选区的大小，如图 5-3-34 所示，然后按" Delete"键将选区内的图像删除，使黑色矩形仅剩下一个方框，如图 5-3-35 所示。

图 5-3-33　执行"变换选区"命令

图 5-3-34　等比例调整选区的大小

图 5-3-35　删除选区内的图像

（5）打开通道面板，选中任意一个单色通道，然后单击鼠标右键，在弹出的快捷菜单中选择"复制通道"命令，或直接用鼠标将选中的通道拖到面板底部的"创建新通道"按钮上，即可复制通道，如图 5-3-36 所示。

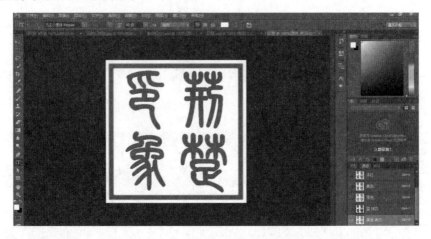

图 5-3-36　复制通道效果

（6）单击"图像"/"调整"/"反向"，或按快捷键"Ctrl+I"对图像进行反向，如图 5-3-37 所示。按住"Ctrl"键，单击通道中的拷贝图层，或单击通道面板底部的"将通道作为选区载入"按钮，选中白色区域，如图 5-3-38 所示。

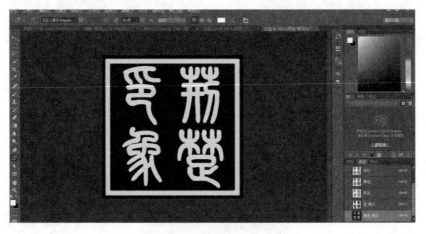

图 5-3-37　反向效果

（7）单击"滤镜"/"杂色"/"添加杂色"，在弹出的"添加杂色"对话框中设置数量为50%，如图 5-3-39 所示。

图 5-3-38　选中白色区域 1

图 5-3-39　设置杂色的数量

（8）单击"滤镜"/"风格化"/"扩散"，在弹出的"扩散"对话框中选择"正常"，如图 5-3-40 所示。

（9）单击"滤镜"/"模糊"/"高斯模糊"，在弹出的"高斯模糊"对话框中设置半径为 1 像素，如图 5-3-41 所示。

图 5-3-40　设置扩展模式

图 5-3-41　设置高斯模糊半径

（10）单击"图像"/"调整"/"色阶"，如图 5-3-42 所示（或按快捷键"Ctrl+L"），在弹出的"色阶"对话框中对输入色阶进行适当的调整，如图 5-3-43 所示。

（11）再次按住"Ctrl"键，单击通道中的拷贝图层，或在选中拷贝图层后单击通道面板底部的"将通道作为选区载入"按钮，选中白色区域，如图 5-3-44 所示。

图 5-3-42　执行 "色阶" 命令

图 5-3-43　对输入色阶进行调整

图 5-3-44　选中白色区域 2

（12）选中 CMYK 通道（拷贝图层自动隐藏），切换回图层面板，隐藏除背景图层以外的图层，然后新建一个空白图层，如图 5-3-45 所示。设置前景色为红色，按快捷键 "Alt+Delete"，用前景色填充选区，再按快捷键 "Ctrl+D" 取消选区，如图 5-3-46 所示。单击 "文件" 菜单中的 "存储" 命令（或按快捷键 "Ctrl+S"），对文件进行保存。

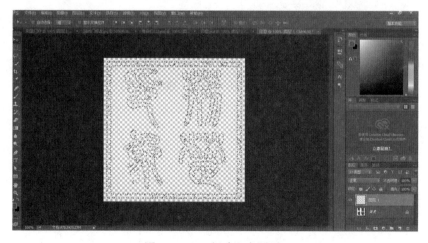

图 5-3-45　新建空白图层

（13）选择"移动工具"，将印章图像拖动到"荆楚门户"窗口中。

图 5-3-46　填充选区

（14）按快捷键"Ctrl+T"，按住"Shift"键对印章进行等比例调整，并放到合适的位置，按"回车"键确定变换，效果如图 5-3-1 所示。

6. 保存图像文件

单击"文件"菜单中的"存储为"命令，在弹出的对话框中分别选择以 JPG 和 PSD 格式保存。完成后退出 Photoshop CC 2015。

注意事项

1. 海报制作一般包括背景、主图、文字排版等。海报设计是视觉传达的表现形式之一，通过版面的构成在第一时间内吸引人们的目光，这就要求将图片、文字、色彩、空间等要素巧妙结合，以恰当的形式向人们展示出宣传主题。

2. 一张照片拍出来往往不会那么完美，或多或少会有一些污点和瑕疵。这就需要使用修复工具去完善，常用的图片修复工具有污点修复画笔工具、修复画笔工具、修补工具、仿制图章工具等。根据实际情况，将这些工具配合使用会带来更好的效果。

相关知识

一、常见的抠图方法

选取图像选区的操作通常称为抠图。抠图是 Photoshop 中最基本、最常见的操作之一，其目的就是将一幅图片中的某一部分截取出来，再和另外的图片进行合成。常见的抠图方法有很多种，在前面的任务中已经使用过了一些，下面进行一下归纳，以便灵活选择和运用。

（1）磁性套索抠图法：适用于边界清晰的图像。该方法根据磁性索套会自动识别并黏附图像边界实现抠图。

（2）魔棒抠图法：适用于图像和背景色色差明显的图像。该方法通过选择并删除背景色实现抠图。

（3）通道抠图法：适用于物体边缘多且杂的图像，如人物的头发或动物的毛发。该方法将图像中主体和背景的颜色分离到各个通道后，在不同通道中的差异并不相同，在差异较大的通道中操作，就可以很容易地分辨主体和背景的边界，从而实现抠图。

（4）路径抠图法：适用于边界复杂的图像。该方法通过在图像边界逐一添加锚点形成复杂的路径实现抠图。

（5）快速蒙版抠图法：适用于图像边界清晰、不复杂的图像。该方法通过使用黑色画笔在需要选中的区域外涂抹实现抠图。

二、杂色滤镜组

杂色滤镜组可以添加或移去图像中的杂色，包含减少杂色、蒙尘与划痕、去斑、添加杂色和中间值 5 种滤镜。

1. 减少杂色

减少杂色通过影响整个图像或各个通道的参数设置来保留边缘并减少图像中的杂色。

（1）强度：设置应用于所有图像通道的明亮度杂色的减少量。

（2）保留细节：控制保留图像的边缘和细节，当数值为 100% 时，保留图像的大部分细节，但会将明亮度杂色减到最低。

（3）减少杂色：移去随机的颜色像素，数值越大，减少的颜色杂色越多。

（4）锐化细节：设置移去图像杂色时锐化图像的程度。

（5）移除 JPEG 不自然感：勾选该选项，可以移去因 JPEG 压缩而产生的不自然色块。

2. 蒙尘与划痕

蒙尘与划痕通过修改具有差异化的像素来减少杂色，从而有效地去除图像中的杂点和划痕。

（1）半径：设置柔化图像边缘的范围，数值越大，模糊程度越高。

（2）阈值：定义像素的差异有多大才被视为杂点，数值越大，消除杂点的能力越弱。

图 5-3-47 所示为素材，单击"滤镜"/"杂色"/"蒙尘与划痕"，弹出"蒙尘与划痕"对话框，如图 5-3-48 所示，设置半径为 10 像素，阈值为 0 色阶，单击"确定"按钮，效果如图 5-3-49 所示。

图 5-3-47　素材

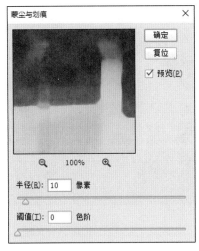

图 5-3-48　"蒙尘与划痕"对话框

图 5-3-49　蒙尘与划痕效果

3. 去斑

去斑用于检测图像的边缘（发生显著颜色变化的区域），并模糊边缘外的所有区域，同时保留图像的细节。

4. 添加杂色

添加杂色用于在图像中添加随机的单色或彩色的像素点，用来修补图像中经过重大编辑的区域。

（1）数量：设置添加到图像中的杂点数量。

（2）分布：选择"平均分布"，可以随机向图像中添加杂点，杂点效果比较柔和；选择"高斯分布"，可以沿一条钟形曲线分布杂色的颜色值，获得斑点状的杂点效果。

（3）单色：勾选该选项，杂点只影响原有像素的亮度，像素的颜色不发生改变。

5. 中间值

中间值是滤镜模糊的一种形式，用于以某个点为圆心，指定一定范围内像素点的平均明度，然后基于平均值平均该区域的色相、饱和度和明度，保留色彩反差大的部分。图 5-3-50 所示为素材，单击"滤镜"/"杂色"/"中间值"，弹出"中间值"对话框，如图 5-3-51 所示，设置半径为 5 像素，单击"确定"按钮，效果如图 5-3-52 所示。

图 5-3-50　素材

图 5-3-51　"中间值"对话框　　　　　图 5-3-52　中间值效果

三、扩散滤镜

风格化滤镜组主要通过置换图像中的像素，或通过查找并增加图像的对比度，使图像产生绘画或印象派风格的艺术效果。单击"滤镜"/"风格化"，风格化滤镜组下有查找边缘、等高线、风、浮雕效果、扩散、拼贴、曝光过度、凸出、油画 9 个滤镜，如图 5-3-53 所示。下面重点介绍扩散滤镜。

扩散滤镜是将图像中相邻的像素按指定的方式有机移动，形成一种类似于透过磨砂玻璃观察物体时的分离模糊效果。

图 5-3-54 为素材，单击"滤镜"/"风格化"/"扩散"，弹出"扩散"对话框，如图 5-3-55 所示，设置好参数后，单击"确定"按钮，效果分别如图 5-3-56、图 5-3-57 和图 5-3-58 所示。

图 5-3-53　"风格化"菜单

图 5-3-54　素材

图 5-3-55　"扩散"对话框

（1）正常：使图像所有区域都进行扩散处理，与图像颜色值没有任何关系。

（2）变暗优先：用较暗的像素替换亮部区域的像素，并且只有暗部区域的像素产生扩散。

（3）变亮优先：用较亮的像素替换暗部区域的像素，并且只有亮部区域的像素产生扩散。

（4）各向异性：使图像中较亮和较暗的像素产生扩散效果，即在颜色变化最小的方向上搅乱像素。

图 5-3-56　变暗优先效果

图 5-3-57　变亮优先效果

图 5-3-58　各向异性效果

思考练习

一、操作题

根据自己所在城市的特点，制作具有本地特色的城市宣传海报。

二、思考题

1. 修复画笔工具和仿制图章工具的功能相同吗？两者之间有什么区别？

2. 添加杂色滤镜可以产生什么效果？

3. 扩散滤镜可以产生什么效果？

任务 4　创建文明城市宣传展板设计

学习目标

- 掌握宣传展板设计的特点、基本思路及方法。
- 掌握图层分组、图层蒙版及图层样式等在宣传展板设计中的运用。
- 掌握椭圆工具、圆角矩形工具等工具的使用方法。
- 掌握文字的排版与设计技巧。
- 掌握字符面板、段落面板和字形面板的功能与使用方法。

任务分析

宣传栏是创建文明城市、构建和谐社区的重要阵地。为了深入开展文明礼仪教育，倡导文明、健康、科学的思想观念和有益身心的生活方式，努力加强文明城市创建工作，拟设计以"创建文明城市"为主题的宣传展板，如图 5-4-1 所示。首先使用渐变工具、形状工具等制作展板背景，然后使用图层样式、图层蒙版等功能制作展板文字和图片，最后进行布局调整并保存。本任务的学习重点是综合运用图层及形状工具设计宣传展板。

图 5-4-1　"创建文明城市"宣传展板

1. 制作背景

（1）运行 Photoshop，单击"文件"菜单中的"新建"命令，在弹出的"新建"对话框中设置名称为"文明创建展板"，宽度为 2 400 像素，高度为 1 200 像素，分辨率为 72 像素 / 英寸，颜色模式为 CMYK 颜色、8 位，背景内容为白色，如图 5-4-2 所示。

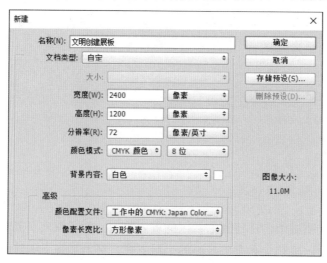

图 5-4-2　新建图像文件

（2）在工具箱中选择"渐变工具"，在工具选项栏中选择渐变类型为"线性渐变"，单击左侧的渐变条，弹出"渐变编辑器"对话框，设置渐变条下方两个色标分别为蓝色（C：80、M：30、Y：0、K：0）和白色（C：0、M：0、Y：0、K：0），如图 5-4-3 所示，单击"确定"按钮。然后用鼠标在背景中由上向下拖动，填充蓝白渐变色，如图 5-4-4 所示。

图 5-4-3　设置渐变色

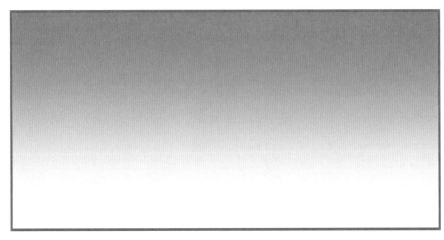

图 5-4-4　填充背景

（3）在图层面板中新建图层，命名为"白云"，如图 5-4-5 所示。在工具箱中选择"椭圆工具"，在工具选项栏中设置模式为"像素"，如图 5-4-6 所示。设置前景色为白色，在背景中绘制一个椭圆形，如图 5-4-7 所示。选择"移动工具"，按住" Alt "键，用鼠标拖动椭圆形，将椭圆形复制多个，并摆放成白云的图案，如图 5-4-8 所示。在图层面板中选中所有的白云图层，如图 5-4-9 所示，单击鼠标右键，在弹出的快捷菜单中选择"合并图层"，完成图层合并，如图 5-4-10 所示。

图 5-4-5　新建"白云"图层

图 5-4-6　"椭圆工具"选项栏设置

图 5-4-7 绘制一个椭圆形

图 5-4-8 绘制白云

图 5-4-9 选择所有的白云图层　　图 5-4-10 合并白云图层

（4）在图层面板中选中"白云 拷贝 4"图层，单击"锁定透明像素"按钮，如图 5-4-11 所示。选择"渐变工具"，在工具选项栏中选择渐变类型为"线性渐变"，单击左侧的渐变条，弹出"渐变编辑器"对话框，设置渐变条下方两个色标分别为蓝色（C：20、M：0、Y：0、K：0）和白色，单击"确定"按钮。用鼠标在白云图案上由下向上拖动，填充蓝白渐变色，如图 5-4-12 所示。将白云图案复制多个，适当调整大小，并放在合适的位置，如图 5-4-13 所示。

图 5-4-11　锁定透明像素

图 5-4-12　为白云填充渐变

图 5-4-13　复制并摆放白云

（5）在图层面板中新建图层，命名为"草地"，如图 5-4-14 所示。在工具箱中选择"椭圆工具"，设置模式为"像素"，设置前景色为绿色，在背景左下角绘制一个椭圆形并调整其位置。在图层面板中选择"草地"图层，单击"锁定透明像素"按钮，为草地图案由上到下填充 C：60、M：10、Y：75、K：0 到 C：70、M：25、Y：90、K：0 的线性渐变，如图 5-4-15 所示。

图 5-4-14　新建"草地"图层

图 5-4-15　绘制绿色椭圆形

（6）复制"草地"图层，按快捷键"Ctrl+T"，进入图形的自由变换状态。在控制框中单击鼠标右键，在弹出的快捷菜单中选择"水平翻转"命令，如图 5-4-16 所示，对草地图案进行水平翻转，并放到合适的位置。为草地图案由右上到左下填充 C：50、M：0、Y：70、K：0 到 C：65、M：20、Y：85、K：0 的径向渐变，如图 5-4-17 所示。

图 5-4-16 水平翻转

图 5-4-17 复制草地图案并填充颜色

（7）在图层面板中新建图层，命名为"楼1"，如图 5-4-18 所示。在工具箱中选择"矩形工具"，设置模式为"像素"，设置前景色（C：50、M：0、Y：70、K：0），在背景中绘制多个矩形，构成高楼图案，如图 5-4-19 所示。

图 5-4-18 新建"楼1"图层

图 5-4-19　绘制高楼图案 1

（8）新建图层"楼 2"，设置前景色（C：70、M：25、Y：90、K：0），在背景中绘制多个矩形，构成另一种高楼图案，如图 5-4-20 所示。选择"多边形套索工具"，用鼠标勾选左侧高楼的右上角，如图 5-4-21 所示，按"Delete"键删除选区内的图案，如图 5-4-22 所示。

图 5-4-20　绘制高楼图案 2

图 5-4-21　勾选左侧高楼的右上角

图 5-4-22　删除左侧高楼的右上角

（9）新建图层"楼 3"，设置前景色（C：30、M：10、Y：90、K：0），在背景中再绘制多个矩形，构成第三种高楼图案，如图 5-4-23 所示。

图 5-4-23　绘制高楼图案 3

（10）复制高楼图案，适当调整其大小，并放在合适的位置。选中所有的楼图层，设置图层的不透明度为 75%，效果如图 5-4-24 所示。

图 5-4-24　绘制高楼图案效果

（11）在图层面板中选中所有锁定透明像素的图层，再次单击"锁定透明像素"按钮，取消锁定，如图 5-4-25 所示。选中所有的白云、草地和楼图层，单击图层面板底部的"创建新组"按钮，如图 5-4-26 所示，所选图层将自动放入组中，并更改组名为"背景图形"，如图5-4-27 所示。

图 5-4-25　取消锁定透明像素

图 5-4-26　创建新组

（12）在图层面板中新建图层，命名为"白色"，如图 5-4-28 所示。在工具箱中选择"圆角矩形工具"，设置模式为"像素"，设置前景色为白色，在背景中绘制一个大的白色圆角矩形，如图 5-4-29 所示，设置不透明度为 30%。复制"白色"图层，按快捷键"Ctrl+T"，适当调小圆角矩形，放置在原白色圆角矩形的中心位置，并设置不透明度为 50%，如图 5-4-30所示。

图 5-4-27　更改组名

图 5-4-28　新建"白色"图层

图 5-4-29 绘制白色圆角矩形

图 5-4-30 复制并缩小白色圆角矩形

2. 制作标题

（1）在工具箱中选择"横排文字工具"，在展板上方输入标题文字"共创文明城市 建设美好家园"，设置合适的字体，颜色为 C：70、M：25、Y：90、K：00，调整文字大小并放置到合适的位置，如图 5-4-31 所示。

图 5-4-31 输入标题文字

（2）选中文字图层，单击图层面板底部的"添加图层样式"按钮，如图 5-4-32 所示，在弹出的快捷菜单中选择"描边"，如图 5-4-33 所示，在弹出的"图层样式"对话框中设置描边大小为 8 像素，位置为外部，颜色为白色，如图 5-4-34 所示。在对话框左侧"样式"列表中单击"描边"选项后的 ，将"描边"效果复制一层，选择下面的"描边"样式，设置描边大小为 15 像素，位置为外部，颜色为绿色，如图 5-4-35 所示，效果如图 5-4-36 所示。

图 5-4-32　单击"添加图层样式"按钮　　图 5-4-33　选择"描边"

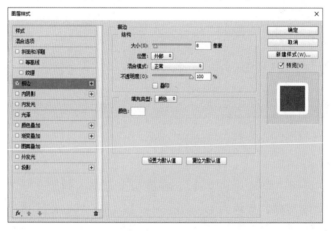

图 5-4-34　"描边"参数设置 1

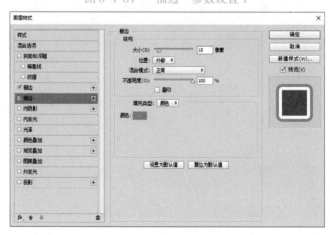

图 5-4-35　"描边"参数设置 2

图 5-4-36　标题文字效果

3. 制作展板文字内容

（1）在工具箱中选择"圆角矩形工具"，设置模式为"形状"，填充颜色为 C：70、M：25、Y：90、K：0，无描边，如图 5-4-37 所示。在白色背景左上角绘制一个绿色圆角矩形，如图 5-4-38 所示。

图 5-4-37　"圆角矩形工具"选项栏设置

图 5-4-38　绘制绿色圆角矩形

（2）选择"横排文字工具"，设置前景色为白色，在绿色圆角矩形上方输入文字"01 什么是全国文明城市？"，调整文字字体、大小和间距，并放置到合适的位置，如图 5-4-39 所示。

图 5-4-39　在绿色圆角矩形上添加文字

（3）选择"横排文字工具"，在绿色圆角矩形下方拖出一个矩形区域，将文字复制或输入该区域中，设置文字的颜色（C：70、M：25、Y：90、K：0）、字体、大小、间距以及段落的首行缩进、段间距等，效果如图 5-4-40 所示。

图 5-4-40　添加文字内容

（4）单击"文件"菜单中的"置入嵌入的智能对象"命令，置入素材"图片 1.jpg"，按住"Shift"键调整图片的大小，然后单击工具选项栏中的"提交变换"按钮，或按"回车"键，将图片嵌入该文档中，如图 5-4-41 所示。

图 5-4-41　置入图片 1

（5）选中"图片 1"图层，为该图层添加蒙版，如图 5-4-42 所示，隐藏不需要的图片内容，效果如图 5-4-43 所示。

图 5-4-42　添加图层蒙版

图 5-4-43　添加图层蒙版后的效果

（6）给图片 1 添加图层样式效果。首先添加描边效果，参数设置如图 5-4-44 所示；再添加投影效果，参数设置如图 5-4-45 所示。效果如图 5-4-46 所示。

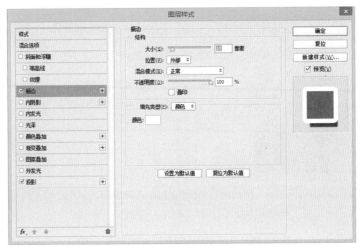

图 5-4-44　图片 1 "描边" 参数设置

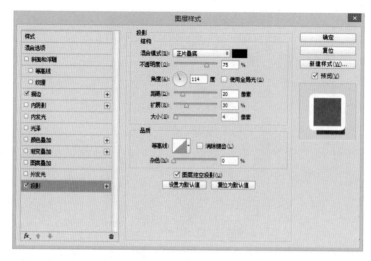

图 5-4-45   图片 1 "投影" 参数设置

图 5-4-46   为图片 1 添加图层样式效果

（7）使用步骤（1）～（3）的方法添加 "02 市民守则" 的内容，如图 5-4-47 所示。

图 5-4-47   添加 "02 市民守则" 的内容

（8）选择 "横排文字工具"，在 "02 市民守则" 内容下方输入 "公民道德规范"，设置文字颜色（白色）、字体、大小和间距，并放置到合适的位置，如图 5-4-48 所示。选中 "公民道德规范"图层，为该图层添加"描边"图层样式，设置描边颜色为 C：70、M：25、Y：90、K：0，位置为外部，设置合适的大小，效果如图 5-4-49 所示。

图 5-4-48 添加文字"公民道德规范"

图 5-4-49 描边效果

（9）选择"横排文字工具"，设置前景色（C：70、M：25、Y：90、K：0），将文字素材复制到"公民道德规范"下方，调整文字字体、大小和间距，并放置到合适的位置，如图 5-4-50 所示。

图 5-4-50 添加"公民道德规范"具体内容

（10）使用步骤（1）～（3）的方法添加"03 对公共场所有哪些要求？"的内容，如图 5-4-51 所示。

图 5-4-51　添加"03 对公共场所有哪些要求？"的内容

（11）使用步骤（4）～（5）的方法置入素材"图片 2.jpg"，并为"图片 2"图层添加蒙版，如图 5-4-52 和图 5-4-53 所示。

图 5-4-52　置入图片 2

图 5-4-53　为"图片 2"图层添加蒙版

（12）给图片 2 添加图层样式效果。首先添加描边效果，参数设置如图 5-4-54 所示；再添加投影效果，参数设置如图 5-4-55 所示。效果如图 5-4-56 所示。

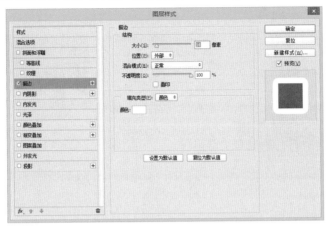

图 5-4-54 图片 2 "描边" 参数设置

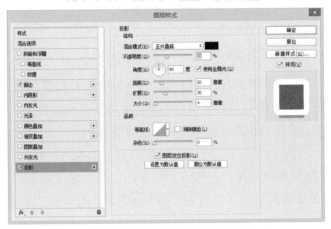

图 5-4-55 图片 2 "投影" 参数设置

图 5-4-56 为图片 2 添加图层样式效果

（13）使用步骤（1）～（3）的方法添加"04 市民应具备哪些交通意识？"的内容，效果如图 5-4-57 所示。

图 5-4-57　添加 "04 市民应具备哪些交通意识？" 的内容

4. 调整布局并保存文件

对展板中的文字、图片等元素的布局进行适当调整，完成后保存文件。

注意事项

1. 利用形状工具绘制背景图形时，通过形状的叠加和形状的复制完成一些形状的组合图形，如云朵和建筑物的绘制，要注意通过颜色的不同来表现图形的层次美感。

2. 在图片的处理过程中，图层蒙版可以用来改变图片的显示和隐藏，图层样式可以用来改变图片的效果。

3. 锁定透明像素能起到局部保护的作用，例如，在图像编辑过程中，如果对透明背景的图像进行修改，锁定透明像素之后，就只会作用到有像素（图像）的地方，而不会影响透明背景，避免误操作。

4. 合并图层不仅能减少图层的数目，还能减少图像文件所占的存储空间，所以对于不再需要进行编辑的图层，可以进行合并。

5. 在排版文字时，版面留白面积从小到大应遵循字间距→行间距→段间距的顺序。

相关知识

一、点文本和段落文本

在 Photoshop 中排版时，经常使用两种形式的文本，分别是点文本和段落文本。

1. 点文本

使用文字工具在工作区内单击后输入的文本为点文本。点文本的每行文字都是独立的，行的长度由输入文字的多少决定。点文本不能自动换行，适合少量文字的编辑，如标题等，需换行时要按 "回车" 键强制执行。

2. 段落文本

使用文字工具在工作区内拖动文本框后输入的文本即为段落文本。段落文本能在拖出的文本框内自动换行，适合大量文字的编辑。当文字工具处于选中状态时，选择文字图层，然后在图像的文本中单击，即可调整文字外框大小或对外框进行旋转或斜切。

3. 点文本与段落文本的转换

将点文本转换为段落文本，可以方便在文本框内调整字符排列；将段落文本转换为点文本，可以方便使各文本行彼此独立排列。其转换操作方法如下：在图层面板中选中文字图层，单击"图层"/"文字"/"转换为段落文本"，可以将点文本转换为段落文本；单击"图层"/"文字"/"转换为点文本"，可以将段落文本转换为点文本。将段落文本转换为点文本之前，为了避免文字丢失，应先调整文字外框，使全部文字都在转换前可见。

二、字符面板、段落面板和字形面板

在"文字"菜单的"面板"子菜单中有 5 个与文字相关的面板，分别是字符面板、段落面板、字形面板、字符样式面板和段落样式面板，如图 5-4-58 所示。下面重点介绍字符面板、段落面板和字形面板。

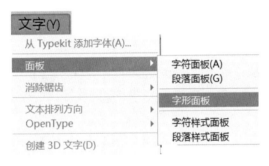

图 5-4-58 "面板"子菜单

1. 字符面板

Photoshop 软件中的字体调整，通常情况下是在字符面板中进行的。单击"窗口"/"字符"，或单击文字工具选项栏中的"字符和段落面板"按钮，都可以弹出字符面板，如图 5-4-59 所示，设置字符格式主要通过字符面板来完成。在字符面板上，可以对要输入的文字格式进行设置，也可以对已编辑的文字格式进行调整。

（1）字体及字体样式选项：在设置字体项中可以直接选择字体；在设置字体项的右边是字体样式，这项设置和字体工具选项栏中的命令是相同的。

（2）字号和间距选项：字号用于设置字体大小，默认情况下，字号以点为单位；间距包括行距和字距（字符间距），行距是指各个文本行之间的垂直间距，字距是指各个文字之间的水平间距。

图 5-4-59　字符面板

（3）文字缩放、偏移等选项：对字体进行垂直缩放、水平缩放、基线偏移以及文本颜色的更改设置。

（4）字体特殊样式选项：位于面板最底部的图标按钮，包括字体加粗、斜体、应用全部大写字母或小型大写字母、上标、下标、下划线和删除线等，这些按钮可以对已输入的字符进行快速变换。

（5）语言与消除锯齿选项：可以选择所需要的语言及消除锯齿的方法。

2. 段落面板

单击"窗口"/"段落"，或单击文字工具选项栏中的"字符和段落面板"按钮，都可以弹出段落面板，如图 5-4-60 所示。在段落面板中可以更改段落的格式，包括段落的对齐方式、段落缩进（左缩进、右缩进、首行缩进）、段落间距等格式。

图 5-4-60　段落面板

3. 字形面板

Photoshop CC 2015 中增加了之前只有 Indesign 和 Illustrator 才有的字形面板，可以使用字形面板输入破折号、货币符号、分数、特殊符号等，这些符号很难通过键盘直接输入。

单击"窗口"/"字形"或"文字"/"面板"/"字形面板"，都可以打开字形面板，如图 5-4-61 所示。若要在活动的文字图层中插入字符，要先选择文字工具，再将光标移到需要插入字符的位置，在字形面板上双击所需要的字符即可。

图 5-4-61　字形面板

思考练习

一、操作题

1. 以"低碳绿色出行"或"垃圾分类"为主题，设计一块公益展板，要求如下：

（1）紧扣主题"低碳绿色出行"，自主设计、创新，设计形式、风格不限。

（2）设计尺寸大小 2 400 厘米 ×1 200 厘米，分辨率为 72 dpi。

2. 制作社会主义核心价值观宣传展板，尺寸大小及内容自定。

二、思考题

1. 锁定透明像素的作用是什么？

2. 对大量文字如何进行排版？

3. 在什么情况下需要对图层进行分组？分组的作用是什么？

4. 在 Photoshop CC 2015 中，如何插入一些特殊符号？

参考文献

[1] 张凡. Photoshop CC 2015 中文版实用教程（第 7 版）[M]. 北京：机械工业出版社，2020.

[2] 优创智造视觉研究室. Photoshop CC 超级学习手册 [M]. 北京：人民邮电出版社，2019.

[3] 安德鲁·福克纳，康拉德·查韦斯. Adobe Photoshop CC 2019 经典教程 [M]. 董俊霞，译. 北京：人民邮电出版社，2019.

[4] 冯注龙. PS 之光一看就懂的 Photoshop 攻略 [M]. 北京：电子工业出版社，2019.

[5] 吕猛. Photoshop 平面设计与制作（第二版）[M]. 北京：中国劳动社会保障出版社，2019.

[6] 赵一篑. 中文版 Photoshop CS 3 图像处理 [M]. 北京：中国劳动社会保障出版社，2017.

[7] 陈晓燕. 网店美工 [M]. 北京：中国劳动社会保障出版社，2017.

[8] 创锐设计. Photoshop CC 2015 从入门到精通 [M]. 北京：机械工业出版社，2016.

[9] 武汉视野教育咨询有限公司. 包装艺术设计 [M]. 沈阳：沈阳出版社，2016.

[10] 武汉视野教育咨询有限公司. 版式设计 [M]. 沈阳：沈阳出版社，2016.